城市防灾学概要

苏幼坡 马丹祥 著

U0345482

中国建筑工业出版社

图书在版编目（CIP）数据

城市防灾学概要/苏幼坡，马丹祥著 . —北京：中国建筑工业出版社，
2017.5
ISBN 978-7-112-20676-6

Ⅰ.①城…　Ⅱ.①苏…②马…　Ⅲ.①城市-灾害防治　Ⅳ.①X4

中国版本图书馆 CIP 数据核字（2017）第 079409 号

　　　　城市防灾学是新型的交叉学科。本书在论述城市防灾学学科体系、基础理论
与实践，对城市综合防灾减灾救灾指导功能的基础上；探讨了现代城市、城市灾
害及其主要特征，防灾减灾救灾的基本路向；城市承灾脆弱性是城市发生各类灾
害的主要原因，开展承灾脆弱性评价，发现、削弱、消除脆弱环节，为建设防灾
城市提供依据；灾害情报的主要特征及其防灾减灾救灾功能与灾害情报系统示例
分析；建设防灾城市的基本方针与规划要点；急救灾害医学的重要特征、实证研
究、重要理论与实用价值；城市环境与环境灾害、灾害垃圾、环境保护与环境防
灾学；"老龄化社会型灾害"老年人的紧急救援；灾害文化与防灾减灾救灾的文化
功能。本书可供城市防灾减灾救灾的管理人员、规划人员、工程技术人员、教育
工作者，高等学校防灾减灾工程与防护工程专业师生以及城市防灾学、灾害社会
学、灾害情报学、灾害文化学、急救灾害医学等学科的相关人员参考。

责任编辑：杨　杰　张伯熙
责任设计：谷有稷
责任校对：焦　乐　李美娜

城市防灾学概要
苏幼坡　马丹祥　著

*

中国建筑工业出版社出版、发行（北京海淀三里河路9号）
各地新华书店、建筑书店经销
北京锋尚制版有限公司制版
北京云浩印刷有限责任公司印刷

*

开本：787×1092 毫米　1/16　印张：10　字数：243 千字
2017 年 5 月第一版　　2017 年 5 月第一次印刷
定价：39.00 元
ISBN 978-7-112-20676-6
(30331)

前　言

城市防灾学是 21 世纪初诞生的新的交叉学科。我国已经形成了城市防灾学研究的专家群体；出版了《城市防灾学》、《城市综合防灾》、《城市综合防灾理论与实践》、《城市灾害学原理》等专著；在城市安全防灾规划基础理论体系，提高灾害承载体抗灾能力新技术，信息技术在城市安全减灾中的应用，城市综合防灾减灾救灾公共政策，加强城市重大工程设施监测、评估技术与灾后恢复技术等领域取得了诸多科学研究成果；发表城市防灾学的学术论文 1805 篇、城市综合防灾的学术论文 606 篇（中国知识网，截至 2016 年 10 月 20 日）；高等学校本科与研究生教育设置了防灾减灾工程与防护工程专业，有的还开设了城市防灾学课程；有些城市建立了安全与防灾研究所等科学研究机构。这表明，我国城市防灾减灾研究日益深入，研究成果影响力不断提高，基础理论底蕴越来越丰厚，对城市综合防灾减灾的理论指导功能越来越强劲。

本书总结了近些年来国内外有关城市防灾减灾的研究进展。主要内容包括城市防灾学基础理论，现代城市、城市灾害及其主要特征，城市承灾脆弱性，灾害情报及其防灾减灾救灾功能，建设防灾城市的基本方针与规划要点，急救灾害医学，城市环境、环境灾害与环境防灾学，"老龄化社会型灾害"的老年人紧急救援以及灾害文化等。有些章节重点阐述了河北省地震工程研究中心和华北理工大学建筑工程学院的相关研究成果。

自 21 世纪以来，河北省地震工程研究中心和华北理工大学建筑工程学院在完成多项国家、省部级科学研究项目和著书立说过程中，通过对唐山地震、汶川地震等国内外重大地震灾害紧急救援的实证研究，提炼出城市防灾减灾救灾的一些基础理论。例如：地震灾害紧急救援的地震烈度同心圆模型，成功实施灾害紧急救援与恢复重建的要素系统，"三救"（自救、互救、公救）的基础理论与功能，紧急救援资源合理配置与畅流模型等。本书收录了其中的部分内容。

近些年来，华北理工大学建筑工程学院、河北省地震工程研究中心与北京工业大学建筑工程学院、北京工业大学抗震减灾研究所合作完成了一些科学研究项目、国家标准、著作和学术论文，北京工业大学教授、博士生导师周锡元院士曾受聘于华北理工大学，有力地推动了华北理工大学建筑工程学院、河北省地震工程研究中心的学术研究工作。本书第一章基础理论和第四章城市承灾脆弱性中，融入了周院士的部分研究成果。

华北理工大学图书馆原馆长、全国高等学校图书馆期刊工作研究会顾问刘瑞兴研究馆员，为撰写该书提供了部分相关信息与分析成果，深表谢意。

感谢中国建筑工业出版社编辑杨杰精心审阅、修改书稿。

该书参考了大量国内外相关文献，选用了部分新闻图片，对其作者表示衷心感谢。由于参考的文献数量较多，未在书末参考文献中一一列出，请谅解。

本书作者水平有限，书中难免存在谬误与学术争鸣之处，欢迎指正。

目　录

第一章　理论基础

城市综合防灾的理论基础是防灾学及其分支学科——城市防灾学、建筑防灾学等。研究这些学科的形成、发展、现状以及基础理论与实用意义，对城市灾害管理有重要导向作用。

1.1　防灾学与城市防灾学

1.1.1　防灾学

防灾学是研究综合防灾的学科体系。依据目前一些国家的研究成果，其学科体系如图1-1 所示。

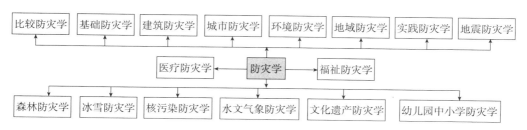

图 1-1　防灾学的学科体系

显然，防灾学的分支学科较多，且每个分支学科都有各自的学科体系，各分支学科之间又有盘根错节的联系。在有人群的空间、地域（特别是人口与建筑密集、产业发达、商业繁荣、科研机构与高等学校集中、场地地质条件复杂、有防灾脆弱性的城市）内，凡灾害外力（地震、环境灾害、水文气象、冰雪、核泄漏等）作用于承灾体（人、建筑、文化遗产、森林、学校、福祉单位等）的各个领域，都有人类应对各种灾害的防灾实践活动（建立防灾组织机构、规划建设防灾城市、储备救灾资源、医疗与实施、防灾对策等），并开展防灾的基础理论研究。随着人类的防灾知识日积月累，学科轮廓越来越清晰，作为一门独立的学科——防灾学应运而生。

防灾学的学科框架是：基础知识与概念（灾害与防灾，自然灾害的历史沿革，自然灾害的发生特性，灾害对策的现状与课题，灾害的预测、预报、预警与灾害情报，综合防灾的理念，城市复合灾害与创建综合防灾学，综合防灾的主要课题，灾害的风险管理）、自然灾害的诱因及其预测、预报、预警（异常气象：暴风，暴雨，暴雪，干旱，雷电与冰雹；异常海象；地震，海啸，火山喷发；地表变动）、灾害的控制与减灾（洪水灾害，海象灾害，干旱，地质灾害，地震灾害，暴风灾害，城市火灾，森林火灾，环境灾害）、防灾规划与管理（地域防灾规划，城市灾害风险管理，城市基础设施和构筑物的防灾设计与诊断，灾害情报与传递，灾后恢复重建与灾害应激反应者的精神康复）以及研究防灾学的基础理论与实用功能等。

1.1.2 综合防灾学

为形成安全可靠的防灾社会基础，综合考虑从自然环境到人类活动的所有致灾因子和防灾因素，综合利用自然科学、工程技术、医药卫生、安全科学与环境科学、人文社会科学等多学科的基础理论与实践，综合研究灾前、灾时、灾后的防灾理论、法律法规以及防灾减灾对策的学科领域称之为"综合防灾学"。

日本学者最早提出"综合防灾学"的概念，认为"综合防灾学"建学已经具备部分条件，但目前建学尚不成熟。2006年日本出版了有代表性的著作《総合防災学への道》。书中收录30篇论文，重要内容包括：建立综合防灾学；简论防灾情报；灾害风险情报的认知与减灾行动；灾害危险度情报的提供与土地的合理利用；认知风险与风险回避优化的计量化；防灾社会资本情报的获取；减轻灾害与恢复重建的情报基础系统；防灾城市模型；传统构法木制住宅的抗震设计与抗震加固；建筑物的受灾率曲线与地震防灾对策；城市的震灾评价——利用地理情报系统（GIS）分析地震灾害；高速公路系统的震害评价；定量评价骨干交通网破坏的经济损失；抗灾城市；新旧建筑物混杂地域防灾能力的测算；环境与防灾；京都市海岸的历史与防灾；震灾发生时淀川水循环圈的稳定性与安全性；采取减少人口等措施减轻大城市（海、湖、河）沿岸的震害风险；饮用水水质风险的经济评价；饮用水的砷污染与社会环境；指导防灾行动的防灾学；灾害志愿者的状态分析；防灾学指导防灾行动的示例——在西枇杷岛町开展防止家具翻倒活动；考虑利用者兼容性的情报处理技术的可行工艺等。概言之，"综合防灾学"的基本学科框架可概括为情报防灾学、城市防灾学、环境防灾学和行动防灾学。这"四学"之间具有学科间相互交叉、渗透、融合的基本特性，是形成"综合防灾学"的学科基础。其中，城市防灾学的基本特征是鲜明的地域性，研究的地域范围特指城市。

"综合防灾学"的"综合"，内涵丰富，底蕴深厚，综合防灾产生的效果显著。"综合防灾学"的"综合"类型与内涵如表1-1所示。由于重大灾害具有惨重性、突发性与延续性，有些重大灾害的人员伤亡和经济损失不亚于一场局部战争。无论是防灾、减灾还是救灾，都需要较多的人力、物力，甚至要举全市、全省、全国之力，方能奏效。综合防灾是城市灾害管理的必由之路。由此，可以综合利用各种防灾要素，创建城市综合防灾系统，减少、消除城市承灾脆弱性，形成城市综合防灾能力；有效发挥城市灾害管理、防灾资源、各个学科的理论与实践、现代高新技术等的综合防灾优势，实现科学防灾，把城市发生灾害的概率控制在最低，人员伤亡和经济损失减少到最小，灾害延续的时间减缩到最短；不仅能够抗御单种灾害，也有应对重大复合灾害的防灾能力等。

"综合防灾学"的"综合"类型与内涵   表1-1

类型	内涵
管理综合	构建管理机构系统，管理人员与职责分工；城市防灾规划，避难场所发展规划，防灾教育培训计划；统一管理，统一规划，统一建设，统一指挥；灾害情报系统、预报与预警系统的规划、建设、管理；防灾管理与技术人员的引进与培养；应急救灾资源储备与管理；城市群城市间防灾协作协调；强化公安、消防、医院的防灾功能；防灾教育深入民心并进学校、企事业单位、社区

类型	内涵
资源综合	市民，部队，医务人员，志愿者；储备，调拨，应急救灾；人力资源，物力资源，信息资源，技术资源；灾区资源，外援资源，国内资源，国外救灾资源；国家资源，城市资源，个人资源；公路，铁路，水路，空路；医药、防疫与医疗设施，避难场所与防灾设施；饮用水、食品、衣物
时序综合	灾前，灾后；防灾，减灾，救灾；"三救"（自救、互救、公救）；"黄金24小时"，"黄金72小时"；"以人为本"，"预防为主"
学科综合	人文社会科学、自然科学、医药卫生、工程技术、环境科学与安全科学；综合防灾学、防灾学、城市防灾学、建筑防灾学；灾害社会学、自然灾害学、急救灾害医学、灾害工程学、城市灾害学
灾种综合	城市可能出现的灾种——地震，火灾，水灾，风灾，雪灾，大潮与海啸，山体崩塌，滑坡，泥石流，场地液化，传染病
现代高新技术综合	灾害情报网络系统，航空航天技术与通信系统，灾害实时监控系统，地震、海啸、火灾等灾害的预报预警系统
城乡综合	城市中心区，副中心区，城乡结合部，郊区，远郊区

20 世纪末，我国提出了综合防灾概念。1991 年，为了推动中国国际减灾 10 年活动，组建了国家气象局、国家地震局、国家海洋局、水利部、地矿部、农业部、林业部等七部局参加的自然灾害综合研究组（以下简称研究组），对我国各类重大自然灾害灾情和规律进行了综合调查研究。这是国家层面的多个部门和多学科的自然灾害综合研究组织。对我国 7 大类 25 种自然灾害进行了大规模的深入调查和资料整理、分析与综合研究。

在综合防灾领域，研究组提出许多新认识、新理念、新方法：将自然灾害研究由单种推向综合；提出了自然灾害系统、灾害科学体系、建立减灾综合管理系统和推动减灾社会化与产业化的新观念，进行了自然灾害综合预报探索；认识了自然灾害的双重学科（自然科学与社会科学）属性，加强了灾害社会学属性的研究；综合减灾应建立减灾系统工程；研究了人口——资源——环境——灾害互馈系统，将减灾纳入国家可持续发展战略；进行了灾害区划，提出了分区减灾、分级减灾的对策。

依据大量的综合研究成果，研究组的专家学者编写出版了《中国重大自然灾害及减灾对策》（总论、分论与年表 3 册）、《中国灾害研究丛书》（包括《灾害学导论》、《灾害管理学》、《灾害经济学》、《灾害社会学》、《灾害统计学》、《灾害保障学》、《灾害历史学》、《灾害医学》、《中国矿山灾害学》、《中国交通灾害学》、《中国地震地质灾害》、《中国气象洪涝海洋灾害》、《自然灾害区划研究进展》、《中国减灾重大问题研究》、《基建优化与减灾》、《灾害管理》、《灾害·社会·减灾·发展》、《减轻地质灾害与可持续发展》等著作，发表了"论人口——资源——环境——灾害恶性循环的严重性与减灾工作的新阶段"、"要重视洪水灾害增长的社会因素和减灾的社会作用"、"减轻洪水灾害的关键是减少人为致灾因素"等学术论文。还提出了 21 世纪我国自然灾害综合研究的基本路向——从自然灾害系统研究扩展为环境——灾害系统研究，深化研究减灾系统工程，探讨综合研究的重大课题：自然灾害风险综合评估、自然灾害信息集成、自然灾害综合预报、防灾减灾工程技术、综合减灾能力评估、自然灾害综合区划、灾后重建统筹规划等。

上述综合防灾研究的科学尝试，开创了我国大规模综合防灾研究的先河，揭示了诸多综合防灾的基本规律，为自然灾害综合研究奠定了理论与实践基础。也为创建"综合防灾学"提供实践依据。

1.1.3 建筑防灾学

建筑防灾学是城市防灾学的重要组成部分。

城市建筑集中——建筑数量多、品种全、密度大、楼体高、功能全。而且，一些城市的建筑设施具有较高的承灾脆弱性，一旦发生重大灾害特别是重大地震灾害，建筑必然倒塌或严重破坏，老城区的老旧建筑尤为严重，并由此造成人员伤亡与经济损失。建筑是城市灾害的重要承灾体，也是城市防灾的重要研究对象。而且，城市建筑又与城市生命线系统等设施交融为一体，一损皆损，扩大灾情。适度提高城市建筑的总体防灾设防水准是城市防灾的基础性有效措施。

建筑防灾学已经是一些国家高等学校建筑工程学院的主要授课内容，这些学科包括建筑规划学、建筑设计学、建筑史学、城市规划学、建筑结构学、建筑力学、建筑材料学、建筑防灾学、建筑环境学等。

建筑防灾学的研究内容包括：城市灾害与建筑构造设计，建筑防火概论（城市火灾、高楼火灾、构造耐火、防火区划、火灾统计、避难安全、耐火构造的法规以及耐火性能评价试验等）与建筑防火设计（火灾性状预测方法、部件温度预测方法、钢筋混凝土结构的耐火设计、钢筋构造与节点的耐火设计、构筑物的火灾变形行为、火灾延续时间的计算方法，火灾的实态与防火技术）；地震与活断层的关联性以及活断层灾害，场地液化灾害，木结构建筑的抗震性能与抗震诊断，地震风险，建筑物与社会基础设施的地震灾害，抗震技术（抗震、隔震、减震）；强风灾害的实态与防灾对策；防灾对策的完整形象（贯穿灾前防灾，灾后救援与恢复重建，防灾对策的综合特征）。

1.1.4 城市防灾学

（1）城市防灾学

城市防灾学是研究城市防灾对策的学科体系，由城市学与防灾学交叉、渗透、融合而成。由于城市人口集中、建筑集中、生产集中、商业金融集中、服务设施集中，且存在承灾脆弱性以及重大灾害损失惨重等特点，城市防灾是防灾学的重要研究范畴。其研究的核心地域范围是城市。

城市灾害包括直接灾害与间接灾害（功能灾害），且功能灾害具有继续性（时间特征）与波及性（空间特征）。

城市防灾学的学科体系可以概括为：理论基础，城市与城市灾害，灾害情报，灾害经济，城市承灾脆弱性，建设防灾城市，环境污染与环境灾害，急救灾害医学，城市重大灾害的紧急救援，灾害弱者与灾害文化等。

城市防灾学为城市灾害管理提供理论与实践依据。

（2）城市防灾学形成的基本条件

依据学科学的基础理论，学科的形成有基本的评价标准——提出学科名称，有学科专家群体和学科带头人，有专著问世且在高等学校开设该学科课程，成立学科的研究机构等。

①有学者提出学科名称

学科名称最先由首创人明确提出，如牛顿、哈维、伽利略和哥白尼分别把力学、生理学、实验科学和天文学确定为学科。提出学科名称的基础是学科首创人经过长时间的科学实验、大量的实践工作和深入的探索与思考，在学科园地发现了学科的生长点，定性或定量地勾画出清晰的学科基本轮廓。某一学科的创始人能够从学科学的角度审视学科的形成与发展，把感性认识提升到理性认识，把零散的认识转化为关于学科的整体认识，这是提出学科名称的重要学术思想基础。探讨一个学科的建立还应当考虑国际背景。通常，一个学科的名称首先在一个国家或地区提出，然后传播到世界各国，逐步得到世界性的广泛认可。目前，防灾学、城市防灾学已经在多个国家提出，并开展了比较深入的研究。

②有学科专家群体和学科带头人

城市防灾学凝结着城市灾害管理者、研究者、实践者特别是学科专家群体和学科带头人的聪明与智慧，是防灾工作从感性认识向理性认识发展的重要标志，象征着防灾工作进步的一个里程碑。我国设置国家减灾委员会专家委员会，其职责是对国家重大灾害的应急响应、救助和恢复重建提出咨询意见；对减灾重点工程、科研项目立项及项目实施中的重大科学技术问题进行评审和评估；开展减灾领域重点专题的调查研究和重大灾害评估工作；研究我国减灾工作的战略和发展方向；参加减灾委组织的国内外学术交流与合作。其成员是我国国家减灾委员会确定的减灾领域的专家群体和学术带头人，主要是中国科学院院士和中国工程院院士。另外，在城市防灾学研究领域，我国高等学校和科学研究机构也有不少学术带头人。

③出版学科专著并在大学设立相关课程

文献检索表明，21世纪初我国先后出版了两个版本的《城市防灾学》。近些年来，日本有《都市防灾学》、《都市防灾学——地震対策の理論と実践》、《都市防灾特論》、《都市灾害管理》、《都市防灾概論》、《都市・灾害・都市防災》等多部论著问世。而且有的国家在多个高等学校开设相关课程。

④成立学科的相关研究机构

我国已经建立了清华大学防灾减灾工程研究所、同济大学结构工程与防灾研究所、中南大学防灾科学与安全技术研究所、浙江大学防灾工程研究所、北京科技大学结构与防灾减灾研究所等诸多防灾学研究机构。日本也先后成立了防灾科学技术研究所、京都大学防灾研究所、都市防灾研究所以及防灾城市规划研究所等防灾研究机构。

综上所述，城市防灾学已经具备建学的基本条件。

还应当指出，城市防灾学是比较年轻的学科。在一个新学科诞生前后，对于能否成学以及何时成学可能产生较大的学术争鸣。有学者认为"早已成学"——"青山遮不住，毕竟东流去"，有的则断然否定——"一万年也不能成学"，还有人认为将来可能成学。学术争鸣，有助于学科内容去粗取精，去伪存真，推动新学科发展。据文献检索，我国城市防灾学的学术论文较少，尚应在学科轮廓、理论体系及其实用等领域开展深入研究。

1.2　地震工程学专家对城市防灾认识上的转变

中国科学院院士周锡元教授、日本龟田弘行教授都是著名的地震工程学专家。

笔者检索、分析他们的学术研究成果时发现，2006年周锡元院士发表了"从工程抗震到多灾种综合防御——唐山地震30年以来的思考"，2002年龟田弘行教授发表了"从工程抗震到综合防灾"。也就是说，在 21 世纪初，这两位地震工程学专家提出了相同的观点，即地震工程学研究应从单一灾种向综合防灾转换。这种转换扩大了防灾研究的视野，并为综合防灾研究奠定基础。

周锡元院士在简要回顾我国地震工程学发展及其现状的基础上，分析了城市灾害的类型与特点、国内外城市灾害管理与减灾的实践经验、我国城市减灾的现状与展望。他明确指出，纵观 50 多年来国外发达国家综合减灾管理体制的发展过程，大致可归纳为三个阶段——第一阶段（大约 20 世纪 60 年代以前），是以单项灾种部门的应急管理为主，在观念上是以救灾、紧急救援为主导思想，并制定若干单项灾种法规；第二阶段（从 20 世纪 60 年代到 90 年代），从单项灾种应急管理体制转向多灾种的"综合防灾减灾管理体制"，这个阶段的主要特点是对自然灾害应急对策综合立法，制定规划，对复合灾害协调实施"监测、预防、应急、恢复"全过程的减灾管理对策，按减灾管理的行为主体（中央政府、地方政府、社区、民间团体、家庭）纵向综合，形成一体化管理，各国程度不同地强调灾害或危机的预防工作，并把灾害预防作为主要内容纳入防灾减灾规划；第三阶段（从 20 世纪 90 年代，联合国开展国际减灾 10 年活动以来，特别是美国"9.11"恐怖袭击事件后），由于国际政治环境的重大变化，重大自然灾害和国际恐怖活动猖獗等原因，把"综合防灾减灾管理体制"上升到"危机综合管理体制"，形成"防灾减灾——危机管理——国家安全保障"三位一体的管理系统。

周锡元院士认为，应当采取如下措施实现从工程抗震到多灾种综合防御的转换。

①完善城市建设的综合防灾法律法规体系，建议制定《中华人民共和国防灾减灾基本法》；

②改善城市综合防灾减灾管理体制，改变单项灾种防御各自为政的局面，进一步加强和统筹城市的综合防灾管理，推动城市综合防灾决策的科学化与民主化进程，提高城市的综合防灾对应能力，良好的城市灾害管理体制是城市防灾安全的重要保障；

③确立与城市可持续发展相适应的综合防灾大安全观，建立法治、体制、机制相结合的城市综合防灾常态建设理念，城市、社区、企业的综合防灾建设应列入评价其业绩的重要指标；

④针对城市综合防灾的特点，全面改造和梳理城市防灾的技术法规体系，以城市综合防灾规划为龙头，建立和完善工程设施全寿命的防灾管理，对轨道交通、燃气、电力等城市基础设施的运营实行防灾安全许可证制度，提高城市的综合防灾能力，修订《中华人民共和国城市规划法》，改革我国城市规划的审批和管理体制，确立城市综合防灾规划在城市防灾中的龙头作用；

⑤在规划、设计、建设、运营、管理、灾害救助等各个环节，进行重要城区、社区和重要厂矿的防灾安全体系建设，实行社区防灾安全体系与主体工程的"同时设计、同时建设、同时投入使用"制度，建立防灾安全社区、防灾安全厂矿区评价和管理制度，完善城市综合防灾体系；

⑥完善全国防灾减灾教育与宣传体系，建议将发生唐山地震的 7 月 28 日定为"国家防灾日"，将防灾宣传纳入国家基础教育体系，促进防灾教育全民化、常态化；

⑦明确城市综合防灾工作的公益性特征，确立政府在防灾投入中的主体地位，强制实行防灾投入最低比例为国民生产总值的 6‰的制度，拓宽城市综合防灾经费渠道，提高城

市综合防灾经济投入，明确确定城市综合防灾投资渠道，制定稳定财政投入保障制度，建立灾害保险制度。

龟田弘行教授在"从工程抗震到综合防灾"一文中，阐述了日本地震防灾技术的变迁：地震烈度法时代（1923年关东地震、1948年福井地震）→抗震技术时代（1964年新潟地震、1968年十胜近海地震、1978年宫城县近海地震）→综合防灾系统时代（1995年阪神地震以后，2010年发生东日本地震伴生海啸重大灾害）。也就是说，从阪神地震开始工程抗震研究开始向综合防灾转换。该文论述了综合防灾系统时代的一些综合防灾研究课题——地震防灾研究中物理课题、社会课题与情报课题的综合，开发亚太地域减轻地震、海啸灾害技术及其体系化研究等多学科、跨年度的合作研究课题，还论述了综合防灾研究体制的构筑以及相关研究机构的研究活动。该文发表4年后，他支持创建"综合防灾学"，主审了《総合防災学への道》一书。

周锡元院士、龟田弘行教授分别提出的"从工程抗震到多灾种综合防御"、"从工程抗震到综合防灾"的新观点是防灾学、城市防灾学发展的一个里程碑。

综合防灾的"综合"内涵已如表1-1所示。防灾学与"综合防灾学"的学科本质差异就在于"综合"。由于"综合"，形成政治、经济、法律、科学技术、文化等多元要素的防灾优势，大幅度降低城市承灾脆弱性，有效提高城市防灾能力；进一步发挥城市综合防灾要素系统的防灾功能，形成抗（救）大灾、抢大险的综合强势；有力提高社区、居民的自救、互救意识以及公救的适当力度，降低灾时居民的基本生活"困难度"；支援灾区人员（中国人民解放军官兵、医务人员、工程技术人员、志愿者）、紧急救援与恢复重建物资等实现统一指挥，统一调拨，统一利用，充分发挥紧急救援功能，为合理配置救援资源和提高救援的时效性、实效性创造条件；实施急救灾害医学的医务人员能够军（队）、地（方）综合、各级医疗机构与多个医学学科综合，尽可能提高濒危、危重伤病患者生存率，降低伤残率；灾害文化的文化底蕴更加厚重坚实，文化形态更加丰富多彩，在防灾减灾救灾过程中的作用更加突出。而且，由于"综合"，防灾学的学科体系逐步向"综合防灾学"发展，基础理论越来越健全，理论指导功能越来越强劲，学科产生的社会效益、经济效益、生态效益、惠民效益与日俱增。

1.3　我国城市防灾学的研究成果分析

1.3.1　著作

21世纪以来，各国先后出版了一些城市综合防灾、城市灾害学、城市防灾学等著作。几种著作的目录比较如表1-2所示。

比较表1-2（含注）8种著作的目录可知：

①我国的5种著作中有2种的书名是《城市防灾学》。日本学者梶秀树的书名也是《城市防灾学》。这5种著作共识之处颇多，例如：城市防灾的基本理论，法律法规，防灾管理与规划，城市灾害及其防灾对策，灾害风险管理等。

②有的著作提出来了一些新理念，像灾害加害力（灾害外力）作用于承灾脆弱性高的人类社会产生灾害，合理恢复重建并通过恢复重建创建承灾脆弱性小的社会；居民避

难，灾害情报系统，居民、企事业单位与政府协作联动防灾等是城市防灾应当格外关注的课题。

③8 种著作的目录中，均未涉及急救灾害医学、避难弱者、灾害文化、环境保护，这些内容是城市防灾不容忽视的问题。

几种著作的目录比较表

表 1-2

著者	书名	各章题名	著者	书名	各章题名
焦双健	城市防灾学	第一章　概论 第二章　城市灾害源 第三章　城市防灾策略 第四章　城市防灾工程 第五章　城市防灾规划 第六章　城市防灾学的其他相关问题	万艳华	城市防灾学	第一章　绪论 第二章　城市防灾学科建设 第三章　城市主要灾害研究 第四章　城市灾害风险分析与评价 第五章　城市综合防灾体系 第六章　城市防灾规划 第七章　城市防灾工程 第八章　灾害学及城市防灾学科相关研究
翟宝辉	城市综合防灾	第一章　城市综合防灾基本理论 第二章　城市综合防灾政策与法规 第三章　城市综合防灾规划 第四章　城市综合防灾标准与技术支撑 第五章　城市综合防灾队伍建设与演练 第六章　我国中央和地方应急反应体系 第七章　国外应急管理经验借鉴	尚春明	城市综合防灾理论与实践	第一章　综合防灾有关概念与理论 第二章　国外综合防灾的实践与经验 第三章　我国综合防灾管理现状 第四章　城市综合防灾政策与法规 第五章　我国中央和地方应急反应体制 第六章　我国城市综合防灾的指导思想、基本思路与对策 第七章　城市综合防灾规划现状 第八章　城市综合防灾标准与技术支撑
金磊	城市灾害学原理	第一章　城市化与中国城市可持续发展 第二章　全球灾害风险概览 第三章　城市灾害 第四章　城市灾害学原理 第五章　城市减灾可持续发展的评估 第六章　城市减灾对比方法研究与借鉴 第七章　城市安全减灾产品及其产业化 第八章　城市灾害风险模型论 第九章　城市减害规划设计 第十章　城市减灾综合管理 第十一章　城市减灾立法体系建设 第十二章　首都城市综合减灾可持续发展的理论与实践	梶秀树	都市防灾学	第一章　城市灾害与城市防灾学 第二章　防灾城市规划的历史与法律法规 第三章　城市防灾的目标与评价 第四章　地震与城市火灾 第五章　群集避难论 第六章　防灾情报系统 第七章　地域防灾能力（市民、企业）——灾害风险管理 第八章　恢复与重建

注：（1）Ben Wisner, Piers Blaikie, Terry Cannon and Ian Davis. At Risk：Natural hazards, people's vulnerability and disasters（2nd）. New York：Routledge, 2003. 共 9 章，1~3 章，论述了全书的基本框架和认识灾害的基本思路，其中包括 4 个概念，即承灾脆弱性（vulnerability），影响灾害大小的灾害增压与减压模型（PAR 模型），为了防灾获取各种资源的存取模型以及利用资源的处理能力（coping）。把洪水、地震、火山喷发等自然物理现象定义为加害力（Hazard），加害力作用于承灾脆弱性高的人类社会所产生的结果形成灾害（Disaster）。Hazard 与 Disaster 有明显的区别。应当从社会科学的观点重点研究为什么人类社会对灾害有比较大的承灾脆弱性。4~8 章，是本书的核心，主要内容是应对加害力的承灾脆弱性与加害力的类型（饥饿与自然灾害、生物灾害、洪水、大潮和地震火山活动），以实际的灾害为例说明了承灾脆弱性加重灾情。第九章论述环境安全，介绍了国际上有关灾后如何合理恢复重建以及通过恢复重建创建承灾脆弱性小的社会的研究成果。该书有日译版，书名是《防災学原論》。
（2）京都大学防災研究所. 防災学ハンドブック. 東京：朝倉書店, 2001. 目录是：绪论，总论，自然灾害诱因及其预测预报，控制与减灾，防灾规划与管理，灾后恢复重建与应激反应者的精神康复。

1.3.2 学术论文

包括期刊学术论文、中国会议学术论文和博硕研究生论文。

以中国知网数据库为检索源，城市防灾学为主题词，检索到学术论文 1760 篇（截至 2016 年 8 月 8 日）。其中期刊论文 1085 篇，中国会议论文 133 篇，博硕研究生论文 158 篇，报纸论文 384 篇。在不同文献载体上发表的学术论文，其被引与下载特性不同，甚至有较大差异。

1.3.2.1 研究内容概览

（1）城市综合防灾的基本对策研究

①有关防灾的法律法规研究。这是城市综合防灾的法律保障。国家层面已经编制了《防震减灾法》、《消防法》、《突发事件应对法》、《环境保护法》、《防砂治沙法》、《气象法》、《道路交通安全法》、《固体废物污染环境防治法》、《传染病防治法》、《放射性污染防治法》、《安全生产法》以及《破坏性地震应急条例》、《地质灾害防治条例》、《防汛条例》、《森林防火条例》、《草原防火条例》、《地质灾害防治条例》等 30 余部，并逐步实现"一灾一法"、"一灾多法"和"综合防灾法"。

②提高城市防灾能力研究。我国许多城市存在较大的承灾脆弱性。研究认为，一些城市的领导和灾害管理部门防大灾、抗大险、救大灾的意识薄弱，措施无力，甚至没有作为；旧城区及部分建筑历史悠久，没有抗灾设防或设防水准过低，且旧城区房屋密集，人口集中，道路狭窄，功能不全，环境堪忧；新建城区选址不当，发生滑坡、泥石流、场地液化等自然灾害的风险较高；城市对洪涝、地震、火灾、台风等重大灾害的设防水准低；城市整体结构不合理，且生活环境、生态环境、居住环境、交通环境差；城市防灾教育流于形式，紧急救援物资储备不足、配置不合理等。

③城市灾害应急响应研究。利用现代高新技术——地理信息系统、全球定位系统、实时监测技术、卫星通信技术、航空航天技术、高清摄影技术等研究灾害的预测、监控、预报、预警，且不断提高灾害情报的准确性、速发性，应急响应的及时性，居民响应的普遍性、快捷性、实效性。我国研制的"国家地震烈度速报与预警工程"为重大地震灾害应急响应提供技术支撑。

④城市综合防灾规划研究。制定、实施城市安全和防灾规划是提高城市抗灾能力的重要措施。应编制城市综合防灾和安全保障规划，编制的基本原则包括："以人为本"、"预防为主"，防、抗、避、救相结合，科学选择建设用地，合理规划城市各项用地的功能布局，合理规划避难场所及其防灾设施，合理储备防灾资源，提高城市生命线系统抗灾能力，综合开发利用城市地下空间。《中华人民共和国减灾规划》、《国家综合减灾五年规划》（十一五、十二五、十三五）等，是编制城市综合防灾规划的指南。

⑤防灾体制研究。据对中国知网检索，在防灾体制研究领域，我国已经发表相关学术论文 750 余篇。其中，期刊论文"试论防灾规划与灾害管理体制的建立"、"完善我国防灾救灾体制、机制和法制"、"中国的灾害管理体制与城市综合防灾减灾"以及博士研究生论文"我国自然灾害管理体制与灾害信息共享模型研究"等产生了较大的学术影响力。

⑥城市防灾教育研究。灾区居民、企事业单位和当地政府是城市自身无外援条件下防灾减灾救灾的最早实施者，三者的灾害意识以及协作联动防灾的默契程度，是影响防灾效果

的重要因素。通过防灾教育与演习，普遍提高城市各类人群的综合防灾意识，普及综合防灾基础知识并对灾害文化的传承有极为重要的意义。应当充分利用新闻出版、广播电视、互联网等公共媒体传播安全科学与防灾知识，加强安全文化建设，用抗灾精神规范每个人的综合防灾行为，且城市灾害管理部门应定期不定期的开展防灾教育，且必须注重实效。

⑦综合防灾研究。涉及表1-1中综合防灾的各项"综合"内容。开展跨行业、跨部门、跨学科的合作与交流研究；从单一学科、少数学科研究，个体建筑与单体系统研究向多学科研究、区域整体研究和多系统研究转换。城市居民、企事业单位和政府部门防灾协作联动研究。灾害预防、紧急救援、恢复重建对策的综合研究。研究利用政治、法律、经济、教育、科学技术、管理等多种途径实施综合防灾。

⑧灾害情报。开展综合利用各种高新技术构建的灾害情报网络系统研究，灾害情报收集、加工、传递、应用研究，情报灾害准确性、超前（预警预报）性、速发性研究，灾害谣言及其危害性研究。先进、适用的灾害情报网络系统是准确、快捷决策城市防灾的情报保障。

（2）我国城市防灾管理阶段的研究

我国城市防灾管理划分为以下3个阶段：

第一个阶段——灾前预防。制定城市综合防灾规划，依据规划建设城市防灾避难场所系统（含避难所、避难道路和防灾设施），储备紧急救援必需的各种资源，开展综合防灾教育与演习，城市形成防大灾、抢大险、救大灾的资源储备强势；利用各种灾害的监测、监控技术和观测网、台、站等收集灾害孕育、发生的情报，经科学研究确认灾害发生的地点、时间，适时发布预报、预警。

第二个阶段——紧急救助。依据全国救灾应急预案体系、紧急救援响应机制，启动相应的紧急救援预案。灾害发生后，充分发挥自救、互救、公救的综合紧急救援功能，举全市之力、全省之力甚至全国之力，城市居民、企事业单位和当地政府协作联动之力，紧急救援灾区特别是重灾区。适量的部队、医务人员、志愿者，本市储备的和外地支援的紧急救灾物资、设备、医药等适时进入灾区特别是重灾区，是灾区民众有饭吃，有干净水喝，有衣物御寒遮体，有栖身之所，伤员特别是濒危、危重伤员得到妥善安置与快速治疗的根本保障，也是把人员伤亡和经济损失减少到最小的有效措施和基本模式。唐山地震是近几十年来我国比较典型的城市直下型地震，《唐山大地震震后救援与恢复重建》等论著深入研究了这次地震的紧急救援模式。地震灾害紧急救援模式的雏形始于唐山地震，唐山地震紧急救援的宝贵经验为地震灾害紧急救援程序化奠定了基础。

第三个阶段——恢复重建。这是灾区"弃旧更新"的过程。唐山地震前唐山市的建筑没有抗震设防，部分建筑虽有设防但设防水准过低（地震烈度Ⅵ），地震发生后，唐山市区（路南区、路北区）的建筑基本倒塌和严重破坏，而重建的建筑按地震烈度Ⅷ设防（部分建筑设防水准更高），是当时我国应对地震灾害最安全的城市。

城市灾害管理必须包含这3个阶段，缺一不可。尤其在规划建设防灾城市规划时，各个阶段的防灾管理都应当强化，而且不断提高城市"自力更生、重建家园"的综合防灾能力。

（3）城市综合防灾新技术研究

近些年在城市防灾领域得到发展的新技术有：隔震、减震、消能与结构控制技术；高层建筑抗风技术以及建筑抗倒塌技术；建筑不燃化和难燃化技术；灾害自动监测、监视、报警技术；综合利用现代高新技术构建灾害情报系统；建筑物的泄爆和抗爆构造技术；建筑物和其他工厂工程设施抗灾性能的检测、评估，已有结构的加固改造和灾后探测和抢救技术；建设海绵城市技术；城市生命线系统防灾技术等。

（4）我国城市综合防灾的发展方向研究

研究认为，今后我国城市综合防灾的研究应关注以下研究领域，即提高灾害承载体抗灾能力的新技术，城市安全防灾规划基础理论体系的研究，信息技术在城市安全减灾中的应用研究，开展城市综合防灾的公共政策研究，加强城市重大工程设施监测、评估技术与灾后恢复技术研究，城市防灾科技创新及其成果转化研究等。

上述研究内容概括了我国近些年来综合防灾的科学研究成果与实践。

1.3.2.2　论文被引分析

在检索到的1760篇论文中，801篇被引，被引率45.5%（被引论文篇数占论文总篇数的百分比），被引频次范围1~280次。

设检索到的全部论文的研究内容都属于城市防灾学范畴。且根据学术论文被引频次的研究成果，规定被引频次≥50次的为高被引频次论文。在本研究中，被引频次≥80次的11篇（见表1-3）。发文的时间范围1999年~2007年。

从表1-3可以看出：

①被引频次比较高的学术论文的研究内容主要是防灾公园等避难场所规划建设、城市灾害应急管理、城市防灾规划等。这是21世纪初我国城市防灾学研究比较活跃的领域，检索源收录的有关防灾公园的427篇论文，被引频次高的论文大多是这个时期发表的，但表1-2我国出版的著作中，很少收录这些研究内容。

被引频次≥80次的论文　　　　　　　　　　　　　　表1-3

第一作者（单位）	题名	来源	发表时间（年）	数据库	被引频次	下载频次
李王鸣（浙江大学）	城市人居环境评价——以杭州城市为例	经济地理	1999	期刊	280	1949
李景奇（华中科技大学）	城市防灾公园规划研究	中国园林	2007	期刊	159	1781
王绍玉（华北理工大学）	城市灾害应急管理能力建设	城市与减灾	2003	期刊	149	1093
苏幼坡（华北理工大学）	日本防灾公园的类型、作用与配置原则	世界地震工程	2004	期刊	142	1117
杨文斌（北京地震局）	地震应急避难场所的规划建设与城市防灾	自然灾害学报	2004	期刊	123	1432
雷芸（北京林业大学）	阪神地震后日本城市防灾公园的规划与建设	中国园林	2007	期刊	97	1137
沈悦（东京大学）	日本公共绿地防灾的启示	中国园林	2007	期刊	92	902
王薇（中南大学）	城市防灾空间规划研究及实践	中南大学	2007	博士论文	90	3457
李延涛※（天津大学）	城市防灾公园的规划思想	城市规划	2004	期刊	89	1135
周晓猛（南开大学）	紧急避难场所优化布局理论研究	安全与环境学报	2006	期刊	81	971
徐波（同济大学）	城市防灾规划研究	同济大学	2007	博士论文	81	6662

※与华北理工大学建筑工程学院、河北省地震工程研究中心的合作研究成果。

②第一作者的单位基本上是高等学校师生，是我国城市防灾学研究的骨干力量。华北理工大学 3 篇（含 1 篇与天津大学的合作研究），主要是河北省地震工程研究中心研究人员完成的。2015 年该研究中心成立 30 周年时编辑出版了《河北省地震工程研究中心期刊论文选集》，从 700 多篇期刊论文中选录 80 篇成集。其中，被引频次≥60 的学术论文 8 篇（见表 1-4）。30 多年来，该中心在城市防灾减灾以及建筑抗震等研究领域完成了诸多研究课题，出版了《地震灾害应急救援与救援资源合理配置》、《城市灾害避难与防灾疏散场所》、《城镇防灾避难场所规划设计》、《城市生命线系统震后恢复的基础理论与实践》、《唐山大地震震后救援与恢复重建》、《城镇用地防灾适宜性评价与避难场所规划》、《城市防灾技术——ADINA-M 建模和 IDRISI 防灾决策》、《建筑结构与抗震设计》以及《自然灾害的预防与自救避难》等著作。近几年该研究中心还发表了"老龄化社会重大地震灾害老年人的紧急救援"、"山地地震灾害紧急救援规划的原则与要点"、"重大地震灾害紧急救援的基本方式——自救、互救与公救"、"一种不容忽视的地震次生灾害——室内家具类翻倒、移动、落下"、"地震复合灾害与紧急救援对策"、"地震应急救灾资源配置模型研究"、"防灾公园的防火树林带及其防火功能"、"地震紧急救援物流瓶颈与对策研究"、"地震灾害避难弱者及其救助规划"等有创新性、理论性和实用性的学术论文，产生了较大的学术影响力。

被引频次≥50 的学术论文（检索时间 2016 年 10 月 20 日）　　　　　　表 1-4

作者姓名	论文题目	发文期刊	发表时间	被引频次	被引频次排序
苏幼坡，马亚杰等	日本防灾公园的类型、作用与配置原则	世界地震工程	2004（4）	142	第 12 位（3230 篇）
苏幼坡，刘瑞兴	城市地震避难所的规划原则与要点	灾害学	2004（1）	136	第 41 位（6742 篇）
苏幼坡，刘英利等	薄钢板剪力墙抗震性能试验研究	地震工程与工程振动	2002（4）	96	第 101 位（4854 篇）
马亚杰，苏幼坡等	城市防灾公园的安全评价	安全与环境工程	2005（1）	82	第 6 位（2424 篇）
苏幼坡，刘瑞兴	防灾公园的救灾功能	防灾减灾工程学报	2004（2）	71	第 11 位（1706 篇）
陈建伟，苏幼坡	预制装配式剪力墙结构及其连接技术	世界地震工程	2013（1）	62	第 82 位（3230 篇）
初建宇，苏幼坡等	城市防灾公园"平灾结合"的规划设计理念	世界地震工程	2008（1）	62	第 83 位（3230 篇）
苏幼坡，张玉敏等	从汶川地震看提高建筑结构抗倒塌能力的必要性和可行性	土木工程学报	2009（5）	61	第 479 位（7534 篇）

※：括号内的数据是检索时各发文期刊的发文总篇数。

③我国研究生教育推动了城市防灾学的研究。在检索到的 158 篇博硕研究生论文中，博士 13 篇，硕士 145 篇。其中，被引频次≥50 次的 8 篇（含表 1-3 中的 2 篇博士论文）如表 1-5 所示。显然，被引频次高的博士论文的研究内容主要是城市防灾公园等避难场所规划、功能与优化，基本反映出博硕论文总体的研究内容；河北理工大学（现华北理工大学）建筑工程学院与河北省地震工程研究中心是"产学研"办学模式的重要组成部

分，有些硕士研究生论文被引频次高，还发表了部分被引频次高的期刊论文。

被引频次≥50次的博硕论文   表 1-5

作者姓名	题名	来源	发表时间（年）	数据库	被引频次	下载频次
芦秀梅	城市防灾公园规划问题的研究	河北理工大学	2005	硕士	78	1255
夏季	城市防灾公园规划设计研究	华中科技大学	2006	博士	76	1985
陈志宗	城市防灾设施选址模型与战略决策方法研究	同济大学	2006	博士	67	3209
王秋英	城市公园防灾机能的研究	河北理工大学	2005	硕士	65	774
刘海燕	基于城市综合防灾的城市形态优化研究	西安建筑科技大学	2005	硕士	63	1566
施小斌	城市防灾空间效能分析及优化选址研究	西安建筑科技大学	2006	硕士	57	1478

④会议论文与报纸论文被引频次比较低。在 133 篇中国会议论文中，被引 23 篇，被引率 17.3%，被引频次以 1 次为主，最高 4 次（只有 1 篇）。报纸的主要信息特点是新闻性、知识性、速发性等，大多数论文被引频次更低，本次检索的数据库未给出被引频次。

1.4 若干理性认识

在表 1-2 的几种著作以及其他论著中，不同程度地论述了城市防灾学、综合防灾的基础理论，本书不再赘述。以下着重介绍河北省地震工程研究中心和华北理工大学建筑工程学院的学术研究成果中，对城市防灾学的若干理性认识。这是唐山地震等大量自然灾害防灾减灾救灾研究成果的升华，源于实践，高于实践，指导实践。

1.4.1 复合灾害论

（1）复合灾害的定义

从广义上说，所谓复合灾害是同时或连续发生的多种灾害且受灾地域重复、扩大灾情，或者受灾地域不同，但多种灾害同时发生与对应，以免灾情扩大。

（2）复合灾害的灾种构成

从灾害种类构成上看，复合灾害的复合类型可分为自然灾害复合、自然灾害与人为灾害复合以及"双灾"复合和多灾复合。地质复合灾害包括山体崩塌、滑坡、泥石流、落石、地面陷落与隆起、地裂缝、场地液化以及由山体滑坡、泥石流等引发的堰塞湖等。人为灾害则是因救援迟缓、救援机构无为无力、救援资源严重不足或资源流错位与错向、可控的瘟疫爆发并蔓延、城镇紧急救援规划缺陷等造成的灾害。海啸可能发生在地震灾区，也可能从震中的近海传播到比较遥远的大洋彼岸（灾害异地复合）。地震的主震与余震是最基本的复合形式（"双灾"复合）。

（3）复合灾害的叠加性与叠加效果

复合灾害具有其构成灾种的灾害叠加性并产生叠加效应，加重灾情。例如：重大地震灾害死亡总人数等于各构成灾害死亡人数之和。阪神地震死亡总人数＝主震与余震死亡人数＋火灾死亡人数＋其他灾害死亡人数；关东地震死亡人数＝主震与余震死亡人数＋火灾死亡人数＋水灾死亡人数＋其他灾害死亡人数；东日本地震死亡人数＝主震与余震死亡人数＋

海啸与核泄漏死亡人数+其他灾害死亡人数。显然，不同地震复合灾害的灾种组成不同，不同灾种的死亡率也不同。如果一次复合灾害由台风、暴雨、大潮、滑坡等灾害复合，其灾情则是这些灾害的叠加，不仅灾情加重，而且受灾的地域有可能扩大，承灾时间也可能延长，可谓是"雪上加霜"。

（4）复合灾害论的实用意义

构成复合灾害的灾种多，各灾害叠加并产生叠加效应致使灾情更严重，灾害管理过程更复杂，需要更大的城市防灾能力。城市灾害管理者特别是领导者必须树立复合灾害理念，提高复合灾害意识，制定城市防灾规划必须以复合灾害为基准，必须深刻认识到一次重大灾害的单一灾种灾情与复合灾害灾情往往有很大的差异。城市形成抗重大复合灾害的防灾能力，是防大灾，抢大险，救重灾的前提与基础。

储备紧急救援物资必须满足复合灾害需求。通常，重大灾害的复合灾害伤亡人数、避难人数与受灾人数多，伤员尤其是重伤员必须快速救治；灾区面积大，灾情地域分布复杂；重灾区的灾民丧失基本生活条件、医疗条件和防疫条件；灾区的生命线系统受到不同程度破坏，准确掌握灾情及其分布以及紧急救援资源的调运难度大；紧急救援需求的物资品种多，数量大，且需求的时间紧迫。因此，必须立足于灾区当地储备的紧急救援物资。灾时依据灾害轻重开通全部或部分储备途径应对重大复合灾害。

1.4.2 紧急救援"三救"论

重大灾害紧急救援是指"黄金72小时"的救援活动。这是一个极其重要的救援阶段。像唐山地震和汶川地震等骤然造成数以几十万计的人员伤亡，产生数百万甚至更多灾民，几十万人埋压在地震废墟中，生命线系统瘫痪或严重破坏。必须紧急采取各种救援方式，为灾区紧急创造基本生活条件、医疗条件、防疫条件，并为后续的救援与重建奠定基础。

"三救"是指紧急救援过程中的自救、互救与公救。

（1）自救

自救是灾民个人利用自身的精神、毅力、智慧、体力和物资等的自我救援活动。就地震灾害而言，主要包括自身从地震废墟中逃生，利用携带的或拾荒的物资充饥、御寒和搭建简易窝棚等。平时，城市居民应树立自救理念，一旦发生重大地震灾害并被埋压在废墟中，宜沉着冷静，设法自救。在这种条件下，自救是面临死亡威胁寻求逃生的一条基本途径。被埋压在地震废墟中的灾民，应积极自救逃生。灾民积极自救既是对自己生命的珍惜，也是对家庭、社会负责。

（2）互救

互救是灾民与灾民之间，或者非灾民与灾民之间的救援行为。通常，互救具有明显的地域性，扒救地震废墟中灾民的地域特性更为明显。例如：邢台地震时，20余万人埋压在地震废墟中，通过人人、户户（邻居）、村村（邻村）和县县（邻县的交界处村庄）的自救与互救，震后3个小时内，被埋压的灾民几乎全部脱险。在紧急救援阶段，互救者往往是家庭成员、左邻右舍的居民、本乡本土的乡亲以及途经该地域的路人。互救的内容相当广泛，例如：扒救埋压在地震废墟中的灾民，支援其他灾民生活必需品（饮用水、食品和衣物等），看护重伤员和灾害弱者，保护重要部门，传递灾情信息等。适量的志愿者进入灾区后，增加互救的人力资源与物力资源。互救是意识与道德，力量与勇为，也是精神约束与奉献。

（3）公救

公救是党政军组织机构指挥下的救援活动。新中国成立后，我国重大灾害的公救都是在党中央、国务院和中央军委领导下展开的。首先成立各级抗灾救灾组织机构，指挥救援。这是重大灾害举全国之力、全军之力快速、有效、精准救援的组织保障。公救是"三救"的重要组成部分。在紧急救援阶段，公救与自救、互救在时间上有接续性，在功能上有融合性和强化性。

如果公救迟缓、无力，必然加剧灾情，甚至引发次生灾害，形成灾种更多和灾情更重的复合灾害。公救是取得抗灾救灾胜利的关键性救援方式。为了提高救援效果，要求公救时间快速，力度适宜，灾情情报准确，资源配置合理。快速是公救的救援资源在震后较短的时间内到达重灾区，尽快发挥公救的救援时效与实效，公救与自救、互救接续、融合的时间越早，三者的综合救援效果越明显；力度适宜是公救的资源满足救援需求，力求供需平衡；为提高灾害情报的准确性，要求通过多种现代高新技术和侦察手段获取灾害情报，并依此准确判断重灾区、轻灾区、非灾区以及各类灾区的实际灾情与救援资源的实际需求；救援资源合理配置的依据是准确的灾害情报，救援资源合理配置的重点地域是重灾区，非灾区不在灾害救援的地域范围。

（4）"三救"的接续性与融合性

紧急救援阶段的救援活动由自救、互救和公救等3种方式构成。他们之间相互接续、融合，互相影响，相互配合，产生紧急救援的综合效果。从总体上看，自救、互救和公救缺一不可。唐山地震、九江地震、汶川地震、玉树地震、芦山地震等重大地震灾害，由于自救、互救和公救融合、接续性地发挥救援作用，有效地保护了灾民的人身安全和身体健康，把地震灾害损失减少到最小。从"三救"产生的时间时序上看，通常是先自救，再互救，然后是公救，这即是所谓的时间接续性。研究"三救"的时间接续性有极为重要的实用价值。所谓"三救"的融合性，是指自救、互救与公救，自救与互救，自救与公救，互救与公救，不同的救援方式同时进行。在唐山地震的紧急救援阶段，数十万人通过自救从地震废墟中脱身，脱身者陆续投入互救，驻唐部队加入扒救行列。即先自救，再互救，并在震后几个小时内产生了自救、互救与公救的融合。2014年云南景谷地震是自救、互救和公救快速接续与融合的范例。地震发生在晚上8时许，当晚许多灾民有干净水喝，有饭吃，入住帐篷或窝棚，伤员送医院治疗，在"黄金24小时"内为灾区创造了基本生活条件、医疗条件和防灾条件。

1.4.3 紧急救援要素系统论

紧急救援要素系统（见图1-2），是有效实施地震复合灾害紧急救援的重要保障。而且，紧急救援要素系统中的各个要素都具有不容忽视的救援功能。缺少或削弱任何一个要素，都会影响甚至严重影响紧急救援效果。图1-2所示的紧急救援要素系统是在总结、分析国内外大量重大地震复合灾害救援实践的基础上绘制的。许多国家的重大地震复合灾害的救援活动是在各级抗灾救灾机构的领导、指挥下进行的，这是取得抗震救灾胜利的组织保障。像唐山地震、汶川地震等一些重大复合灾害需举全国之力方能成功应对。救援资源包括人力资源（部队、医务人员、工程技术人员、志愿者、防疫人员以及国际救援队队员等）和物力资源（生活必需品、医疗设施与药品、避难场所、防疫设施与药品以及国际救援的物资与款项等），城市居民、企事业单位和灾区当地政府的协作联动是灾区人民自力更生防灾的重要保障。这些要素是紧急救援缺之不可的基本要素，并为恢复重建奠定基础。紧急救援要素系统是紧急救援必需的各种影响因素的有机组合，完善的紧急救援要素系统应具有图1-2所示的各种要素，且每种要素都具有分工承担的抵御重大复合灾害的能力（时间、数量、合理调拨与配置），形成各要素共同构建的综合救援强势，有助于减少次生灾害的灾种，消除、降低灾害叠加性和叠加效应，快速、持续产生救援效果，圆满完成救援任务。如果系统中缺少部分救援要素或有的救援要素存在严重缺陷，都不同程度地削弱综合救援强势，削弱到一定程度，有可能难以应对重大复合灾害，并使之扩大、加重、延续，导致严重后果。

$$\left.\begin{array}{l}\text{紧急救}\\\text{援要素}\\\text{系统}\end{array}\right\} \begin{array}{l}\text{组织}\\\text{指挥}\\\text{机构}\end{array} + \begin{array}{l}\text{支援灾}\\\text{区的部}\\\text{队官兵}\end{array} + \begin{array}{l}\text{医务人员与医}\\\text{疗设施和药品}\\\text{（含防疫）}\end{array} + \begin{array}{l}\text{抢险救灾工}\\\text{程技术人员}\\\text{和志愿者}\end{array} + \begin{array}{l}\text{紧急}\\\text{救援}\\\text{物资}\end{array} + \begin{array}{l}\text{城市居民、企}\\\text{事业单位、灾}\\\text{区当地政府}\end{array} + \text{避难场所} + \text{国际救援}$$

图1-2　紧急救援要素系统示意图

1.4.4　地震灾害管理程序化论

所谓地震灾害救援流程，是指通过多个救援步骤完成一次救援行为的完整过程。

依据紧急救援要素与复合灾害的基础理论以及救援资源合理配置模型，救援流程既有救援步骤的顺序性——先实施哪个步骤、再实施哪个步骤、最后实施哪个步骤，又有每个步骤的实施内容与方法，而且各个步骤都必须有抗震精神与救援资源作为精神与物质保障。

制定救援流程必须坚持"以人为本"，"预防为主"，"民生第一"的基本原则，遵循救援的基本规律，弘扬抗灾精神，精心组织，科学指挥，用适量的救援资源、较短的救援时间、圆满完成一次完整的救援任务。

救援步骤的顺序是通过大量重大地震灾害的实证研究总结、归纳出的救援基本规律。不同的重大地震灾害由于致灾机理、条件、环境不同，且因救援基本要素充盈与欠缺，复合灾害的灾种复合与复合程度有别等，救援步骤的顺序可能存在一定程度的差异，但不会违反基本规律。

救援类型、救援步骤源于大量的重大地震灾害救援实践，是基本规律；救援内容是救援要素系统的细化与程序化，是流程化的核心，达到救援预期目的的保障；救援目的是为灾区创造基本生活条件、医疗条件、防灾条件、生存条件，并为灾区恢复、重建以及灾后社会经济发展奠定基础。

重大地震灾害救援流程化是新的救援理念。这种理念的理性认识深透，实践基础坚实。是我国几千年特别是近几十年来数百次重大地震灾害救援过程经验教训的总结与升华；是各次地震灾害成功救援要素的提炼、丰富与时序化；全面比较研究多次重大地震灾害成功救援要素的盈亏、强弱、出现顺序与效果，梳理出救援类型、步骤、内容与目的，形成流程化的基本框架。

重大地震灾害救援流程化，显示出我国已经掌握了重大自然灾害成功救援全过程的基本规律，熟知在不同的救援阶段、同一救援阶段的不同时域，应当实施哪些救援活动方能成功救援。

我国重大地震灾害救援流程化已经进入成熟阶段。2010 年颁布的《自然灾害救援条例》、2014 年颁布的《社会救援暂行办法》以及依据这些法规制定的国家、省、市、县等各级救援预案都具有流程化的性质。我国任何地域一旦发生重大地震灾害，都会按照大体相同的流程实施救援，汶川地震、玉树地震、芦山地震、景谷地震等无不如此。而且，凡实施流程化都会成功完成一次救援全过程，取得良好的救援成效。

地震灾害紧急救援程序如图 1-3 所示。该图是以"三救"的融合、接续为主线绘制的，内容包括救援类型、救援步骤、救援内容和救援目的。

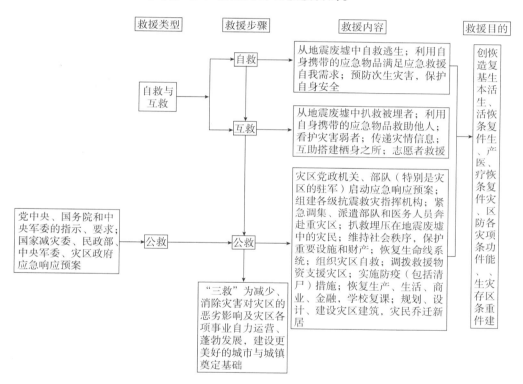

图 1-3　重大地震灾害紧急救援程序图

地震灾害紧急救援程序始于邢台地震、海城地震，到唐山地震已经初步形成。九江地震、汶川地震、玉树地震、芦山地震等的紧急救援基本上都是按照图 1-3 的程序进行的。

所谓紧急救援程序化是对多次重大地震灾害实施基本相同的程序进行紧急救援，而且取得预期的救援效果。我国近几十年来的重大地震灾害的紧急救援基本上是唐山地震紧急救援程序的重复与完善，并都取得了抗震救灾的胜利。程序化是成功的紧急救援经验的有效综合与发展，揭示出重大地震灾害后应当依序做什么，怎么做，谁来做，给谁做，做到什么程度，做多长时间等基本规律，程序化是紧急救援的成果之路。

1.4.5　地震烈度分布同心圆论

（1）依据

重大地震灾害发生后，配置紧急救援资源的主要依据是灾区灾情的严重程度及其分布

（通常用等烈度线描述）。

《中国历史强震目录》（公元前 23 世纪——公元 1911 年）共收录 1034 次地震；20 世纪我国共发生 6 级以上地震近 800 次。在这 800 多次地震灾害中，有些绘制了地震烈度分布图。图 1-4 是其中的 5 次地震灾害的等烈度线和震中烈度图。对比研究表明，国内外所有地震灾害的等烈度线分布，具有大致相同的规律。这是建立同心圆模型的基本依据。该模型具有普遍的理论意义与实用价值。可以预见，未来发生的任何一次重大地震灾害都应适用于同心圆模型。

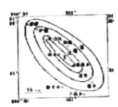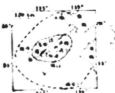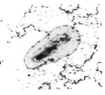

1923年7.3级炉霍—道孚地震，震中烈度Ⅹ度　　1933年7.5级叠溪地震，震中烈度Ⅹ度　　1937年7级菏泽地震，震中烈度Ⅸ度　　2008年8.0级汶川地震，震中烈度Ⅺ度　　2008年6.1级攀枝花地震，震中烈度Ⅷ度

图 1-4　地震灾害等烈度线与震中烈度图

（2）基本规律

我国不同年代、不同地区重大地震灾害的等烈度线遵循以下规律：

①等烈度线大体呈三种形状，即大体呈同心圆分布，基本呈同心椭圆分布，大致是同心椭圆与同心圆的混合型分布。《中国历史强震目录》的 404 个图例中，凡是绘制的等烈度线均符合以上三种类型。这是提出救援资源配置同心圆模型的实践基础。特别是 7 级以上地震，灾情严重，震亡人数多，需求的救援力度大，同心圆模型具有更大的指导作用。

②地震等烈度线从大向小的分布严格遵守同心圆或同心椭圆的圆心（城市直下型地震一般为震中）附近最大，是重大地震灾害的极震区，然后向四周递减。即灾害严重程度极震区最大，是重灾区，随着地震烈度向外依次降低，逐步经过渡区过渡到轻灾区、非灾区。一次重大地震灾害，救援的重点是地震烈度Ⅹ、Ⅺ、Ⅻ度的地域，其次是Ⅸ、Ⅷ、Ⅶ度地域。Ⅵ度以下甚至Ⅶ区的一部分地域应为轻灾区、非灾区。

③大多数重大地震灾害的等烈度线都有断层方向效应，在断裂的方向上震害更严重、重灾区的区域更大，等烈度线呈同心椭圆分布或有呈现同心椭圆分布的倾向。例如：汶川地震呈同心椭圆分布，唐山地震在唐山断层（北东向）有椭圆长轴分布的倾向。

④由于受震级、震源深度、地震断层的走向以及地震波传播过程中的地质条件、建筑抗震设防能力等多种因素综合影响，不同的地震灾害等烈度线的分布不同。但总体规律呈同心圆分布。

（3）示例

①唐山地震

在唐山地震的等烈度图上绘制 4 个同心圆，最大的同心圆面积基本覆盖了重灾区和部分轻灾区（见图 1-5 左图）。位于震中的第一个小圆覆盖了Ⅺ度地域，其外的第二个同心圆与第一个同心圆之间的部分则基本覆盖了Ⅹ度地域，第三个同心圆与第二个同心圆之间的部分、第四个同心圆与第三个同心圆之间的部分则覆盖了Ⅸ、Ⅷ度的大部分地域。前2

个同心圆覆盖的地域是紧急救援资源配置的核心，其次是第二个至第四个同心圆覆盖的地域。这表明，利用同心圆模型可以判别地震灾区的灾情分布，为紧急救援资源配置提供初步依据。如果在第四个同心圆之外再画两个同心椭圆，里面的一个基本覆盖了地震烈度Ⅶ-Ⅺ度的地域；而最外面的椭圆则覆盖了Ⅵ-Ⅺ度的地域。这表明，用6个同心圆（两个同心椭圆）可以把唐山地震灾区划分为地震烈度Ⅹ、Ⅺ度的地域，Ⅸ、Ⅷ、Ⅶ度地域和Ⅵ度地域。比较清晰地划分出重灾区、过渡区、轻灾区和非灾区。

　　②鲁甸地震

　　鲁甸地震后，中国地震局工程力学研究所绘制了地震烈度分布图（见图1-5右图）。等烈度线基本呈同心圆分布。第一个圆内是极震区，烈度Ⅸ度；第一个圆和第二个圆之间部分为烈度Ⅷ度分布区；第三个圆与第二个圆之间部分烈度Ⅶ；第四个圆与第三个圆之间部分烈度Ⅵ度；再向外依次是Ⅴ、Ⅳ度区。能够清晰地划分出重灾区、轻灾区和非灾区。对紧急救援有重要的定位、导向作用。

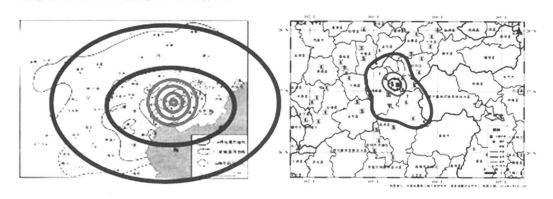

图1-5　等烈度线分布及同心圆示意图

　　（4）模型的功能

　　重大地震灾害紧急救援资源配置同心圆模型是以地震烈度为灾害轻重程度的判据，判断地震灾害的地域分布规律。地震烈度以震中为圆心呈同心圆或同心椭圆分布。震中附近地震烈度最高，灾情最重，向外（远离震中）地震烈度递减，灾情逐步减轻。配置救援资源时，应以震中附近（高地震烈度地域）的地域为配置重点或核心。

　　严重地震灾害发生后，在已知震级、震源深度、震中和对灾区灾情初步勘察的情况下，利用地震烈度同心圆模型配置紧急救援资源，符合救援资源配置地域上求准、时间上求快、供需上求平衡等特点。而且，利用同心圆模型配置紧急救援资源，实践基础雄厚，可操作性强，时效性好。如果紧急救援资源配置中发现有偏差，可以及时调整。

　　地震烈度同心圆模型对震后救援的最大贡献是揭示了重灾区、轻灾区、从重灾区过渡到轻灾区的过渡区、非灾区的基本分布规律；依据地震烈度分布图能够比较准确地判断紧急救援的重点地域，为快速、精准决策救援资源的合理配置提供依据；通过地震烈度分布图可以初步确定灾区与非灾区的地域界线，非灾区无需紧急救援，轻灾区依据本地的资源有可能抗御灾害，即使需要救援资源的支持，也不是救援的重点，明确灾区不同地域的不同救援力度；一次重大地震灾害的地震烈度分布图可在震后较短时间内完成，对快速决策紧急救援起重要作用。

1.4.6 救灾资源合理配置论

救灾资源配置模型（见图1-6）是地震烈度同心圆模型、紧急救援资源需求与满足需求模型、救灾组组指挥机构模型和紧急救援资源利用与调拨序模型等4种模型的综合与延伸，揭示了各级抗震救灾指挥组织机构在救灾资源配置过程中的指挥与组织功能、灾情分布的基本规律、灾区救灾资源需求与满足需求以及利用和调拨序的重要意义。

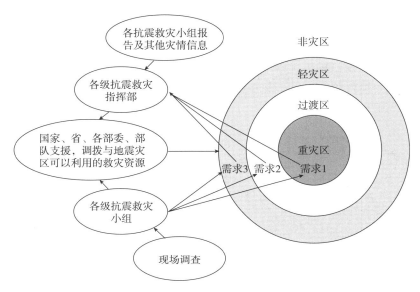

图1-6 救灾资源配置模型

各级抗震救灾指挥组织机构是综合收集各类灾情信息，调查灾区救灾资源需求与有效指挥、组织抗震救灾的组织保障，具有合理配置救灾资源的组织权威与指挥能力，并通过指挥、组织、管理形成抗震救灾的良好社会环境，确保救灾资源的配置立足于国家利益，立足于社会稳定大局，充分发挥社会主义制度的优越性，继承、发扬中华民族"一方有难，八方支援"的优良传统，抗震救灾在有组织、有序、安全的条件与环境下顺利展开。严重地震灾害发生后，应快速建立各级指挥与组织机构，尽快发挥指挥与组织功能，为抗震救灾奠定完善的组织保障。灾区救灾资源需求是资源合理配置的基础与前提。通过灾区的现场考察，掌握灾情及其分布，并利用灾情信息网络全面收集灾情信息，各级抗震救灾指挥机构掌握灾区救灾资源需求——图1-6的需求1+需求2+需求3（分别为重灾区、过渡区、轻灾区的需求），依据救灾资源需求与满足需求模型在灾区合理配置救灾资源，人尽其力，物尽其用。应急救灾物资资源具有储备的多样性，应按照先自救、互救，后公救的原则，合理利用应急救灾资源。

第二章　城市与城市灾害

现代城市具有灾害管理的许多优势，也存在诸多明显的承灾脆弱性。城市一旦发生地震、火灾、台风、海啸等重大灾害，一般都会产生极为惨痛的后果。因此，城市防灾特别是城市综合防灾是当代城市灾害管理的必由之路；只有多角度、全方位的综合防灾，才能有效发挥防灾各个要素的综合优势，形成防灾减灾救灾的强势。

2.1　城市的特征与类别

2.1.1　城市

城市，是指国家按行政建制设立的直辖市、市、镇。城市的法律涵义，是指直辖市、建制市和建制镇。《中共中央关于经济体制改革的决定》指出，"城市是我国经济、政治、科学技术、文化教育的中心，是现代工业和工人阶级集中的地方，在社会主义现代化建设中起主导作用"。上述表述，从城市规划、经济体制改革的角度，揭示了城市的主要特征。

日本部分工具书的城市定义如下：人口多，住宅及其他建筑密集，居民生产主要依赖第二产业、第三产业，是这些产业的发达聚居地，是指相对于村庄的地域社会；多数人口居住在比较狭窄的地域，该地域是所在地的政治、经济、文化中心；在比较狭窄的地域内，居民较多，住宅密集，商业、工业等成为经济生活主体的聚居地。

2.1.2　城市的主要特征

现代城市有许多基本特征，而且每一特征都与城市综合防灾密切相关。

（1）人口与空间的集聚性，即人口与建筑密度高，人在城市空间的活动（政治、商业、工业、文化、教育、运输、服务业等）频繁。城市以人为中心，以人为主体，人是城市形成、发展、繁荣的最基本要素。从城市综合防灾的角度看，人与建筑是城市的主要承灾体，"以人为本"是城市综合防灾的基本原则。在紧急救援阶段，强调"黄金24小时"、"黄金72小时"和"三救"文化，都是以救人、减少人员伤亡为核心，而且提升建筑的灾害设防水准是确保灾时人员安全的基本举措。

（2）经济上第二产业、第三产业发达。城市相对于村落而言。村落的重要经济特征是以农业为主，村民春种秋收，年复一年从事田间耕作。而城市的经济特征是第二产业、第三产业发达，工业、商业、服务业是城市经济生活的主体。可以利用城市的经济特征，制定城市综合防灾政策、规划与措施。例如：与商场超市、医药商店和生产企业签订紧急救灾物资的供应合同，灾时，按时、按量、按质、按预定的运送路线与地址供货；发挥城市的经济实力，建设、健全城市的各种防灾设施。

（3）政治、经济、文化中心。我国城市一般都是当地的政治、行政中心，设有党政机关及其附属机构。有些城市还是国家的、省市区的、地市的政治行政中心。城市是在一定经济区域内自然形成的，其生产和交换比较集中，并对周围地区产生较强经济影响，作为一定地区内经济活动的枢纽，对于整个经济区的经济发展起重要推动作用。城市的文化底蕴丰富、雄厚，具有文化中心的品格。城市也是灾害管理中心，大多城市都设灾害管理机构。国家的灾害管理机构——国家减灾委员会设在首都北京。省市区首府、市县级城市也设灾害管理机构。城市抗灾指挥机构、人力资源与物资资源是综合防灾系统的基本要素。

（4）功能齐全。为给居民创造宜居、宜业、宜生活的良好条件与环境，确保城市各行各业有规划的快速发展，城市功能必须多样化。城市的管理功能，工业创新与发展功能，商业功能，金融功能，生命线系统功能，文化、教育、科研功能，医疗与福祉功能，服务功能，娱乐与健身功能，环境保护功能以及安全保卫功能，综合防灾功能等，应有尽有。这些功能相辅相成，相得益彰。合理的综合发挥城市的各项功能，是居民安居乐业、城市社会经济健康发展的基本保障。近些年的城市功能研究中，往往忽视综合防灾功能，这不能不说是明显的缺失。必须指出，正是依赖于或者说有效发挥包括综合防灾功能在内的城市功能，城市应对重大灾害才是安全之所。唐山地震、东日本地震等重大地震灾害，造成惨重的人员伤亡与经济损失，说明城市的综合防灾功能存在薄弱环节与承灾脆弱性。有人认为，城市具有稳定的防灾功能，是世界上最安全的场所；而且，其他功能也比较完备。其实未必尽然，有的城市存在严重的承灾脆弱性，且在基本社会服务、食品安全、治安保卫、生命线系统以及城市防灾设防、实施防灾相关标准等诸多方面不是防灾意识薄弱，就是人力、经济、技术的投入不足，防灾设防水准低，防灾能力差。在这样的城市中生活，不能不担忧灾时广大民众的安危。城市综合防灾功能像一道铜墙铁壁，阻挡、减弱各种重大灾害的袭击，维护城市居民的人身与财产安全。

2.1.3 城市的主要类型

（1）按城区常住人口数量划分

根据 2014 年国务院《关于调整城市规模划分标准的通知》，城市划分为五类：城区常住人口 50 万以下的为小城市；50 万以上 100 万以下的为中等城市；100 万以上 500 万以下的为大城市；500 万以上 1000 万以下的为特大城市；1000 万以上的为超大城市。城市人口多，住宅也多，综合防灾的任务繁重。

经济欠发达国家的一些大城市，人口多、生活条件与环境差、没有灾害设防，一旦发生重大灾害，灾民必然像海地地震那样丧失基本生活条件，社会秩序混乱，爆发瘟疫。

（2）按城市功能划分

具有多种功能是城市的本质特征。一座城市可能划分为多种功能的城市。例如：北京市是中华人民共和国首都、中央直辖市、国家中心城市、超大城市，全国政治中心、文化中心、国际交往中心、科技创新中心城市。

①政治行政中心城市。中央政府和地方政府所在地。首都、省市自治区首府、市县政府所在地。设有城市防灾减灾组织机构。

②工业城市。因工业的产生和发展形成的城市。这类城市的工业部门在城市经济结构中占重要地位，工业职工在城市的人口结构和劳动结构上比例比较大；合理选择、利用工业用地；有良好的对外交通运输条件；应特别重视环境保护，采取有效的措施减少有害物

质的排放；重视弱势人群就业。

③资源型城市。产出地下资源或向产出地提供生产要素的城市。据《全国资源型城市可持续发展规划》（2013—2020 年），2013 年我国有资源型城市 262 个。根据资源保障能力和经济社会可持续发展能力，划分为成长型、成熟型、衰退型和再生型四种类型。成长型城市的资源开发处于上升阶段，资源保障潜力大，经济社会发展后劲足，是我国能源资源的供给和后备基地；成熟型城市的资源开发处于稳定阶段，资源保障能力强，经济社会发展水平较高，是现阶段我国能源资源安全保障的核心区；衰退型城市的资源趋于枯竭，经济发展滞后，民生问题突出，生态环境压力大，是加快转变经济发展方式的重点、难点地区；再生型城市基本摆脱了资源依赖，经济社会开始步入良性发展轨道，是资源型城市转变经济发展方式的先行区。

④旅游城市。有旅游资源且主要经济来源是旅游业的城市。所谓旅游资源是自然界和人类社会凡能对旅游者产生吸引力，可以为旅游业开发利用，并产生经济效益、社会效益和环境效益的各种事物现象和因素。我国许多城市旅游资源丰富，因此旅游城市较多。例如：北京、南京、杭州、苏州、西安、黄山、桂林、承德、拉萨、厦门、三亚、敦煌、曲阜等。有些旅游城市是历史文化名城。

⑤历史文化名城。根据《中华人民共和国文物保护法》，历史文化名城是指"保存文物特别丰富，具有重大历史文化价值和革命意义的城市"。五千年的历史，五千年的文化，铸就了我国的历史文化名城。许多历史文化名城保存了大量历史文物，体现了中华民族的悠久历史、光辉灿烂的中华文化与光荣的革命传统。1982 年国务院公布的第一批历史文化名城是北京、承德、大同、南京、苏州、扬州、杭州等 24 座城市。历史文物、文化遗产的保护，是历史文化名城综合防灾的重要领域。

（3）按防灾能力划分

我国按防灾能力划分城市的研究成果甚少。

①防灾城市。是具有适度灾害设防的城市。即使发生重大灾害，防灾城市的救灾指挥机构健全，能快速恢复指挥功能；建筑不倒塌不严重破坏，水不淹没，火不蔓延；生命线系统不丧失供电、供水、通信功能，交通特别是应急救灾道路畅通；建成避难场所系统，且规模适当，分布合理，防灾设施完备；城市储备的紧急救灾物资满足需求，调拨有方，供应及时；医务人员、医疗设施、医药储备能够急救处置伤员特别是重伤员；有灾时支援灾区的预案，并依此调动、调拨人力与物资资源，作为灾区救灾资源的补充、补缺；防灾城市还应当有"自力更生、重建家园"的精神与资源储备等。

构建防灾城市必须有规划、建设、完善、提高的过程。防灾城市的规划应当以城市规划与城市防灾规划为依据（见图 2-1），且满足二者的规划要求。

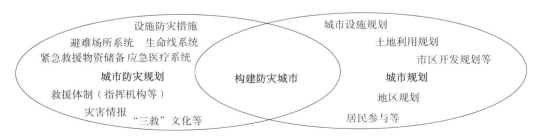

图 2-1　构建防灾城市的规划依据

显然，重大灾害发生时，防灾城市的综合防灾组织指挥能力强，居民防灾意识强，综合防灾资源储备充实，能更好地维护城市居民的人身与财产安全。构建防灾城市是城市综合防灾的路向与目标。

②承灾脆弱性城市。没有灾害设防或设防水准低的城市。城市建筑、设施具有很大的承灾脆弱性，一旦发生重大灾害，损失惨重。唐山地震前，唐山市的建筑没有抗震设防或设防水准比较低，极震区的地震烈度Ⅺ度，其内的建筑基本倒塌；唐山地震造成24万余人死亡，17万余人重伤。东日本地震时，90%的死亡者死于海啸，究其原因是海啸设防水准低，海啸冲过防潮大堤吞没城镇，海啸警告发出后海啸袭击区内的人员避难行动迟缓。近些年来，有些震级不高的地震，造成严重的人员伤亡与经济损失，与建筑没有抗震设防不无关系。构建防灾城市是减少、消除城市承灾脆弱性的有效途径。

③地震带上的城市。我国位于世界两大地震带——环太平洋地震带与欧亚地震带之间，受太平洋板块、印度板块和菲律宾海板块的挤压，地震断裂带十分发育。每一个地震带历史上发生过多次地震灾害，且有的地震带今后还有可能发生地震灾害。地震带上的城市应当有适度的抗震设防。在规划建设防灾城市时，地震灾害应设定为综合防灾的灾种之一。

④综合自然灾害强度区城市。我国已有学者研究了中国城市自然灾害区划问题，并绘制了中国城市综合自然灾害强度分区图，其所谓的"综合"是指对城市影响大的灾害——水灾、地震、滑坡泥石流、台风和沙尘暴的综合，强度区分为强烈区、重度区、中度区、低度区和弱度区。从研究结果中可以看出，强烈区的城市主要分布在江苏、上海、四川、福建沿海、广东沿海、新疆西部、台湾省等地；重度区大多邻近强烈区以及华北地区、云南省、东北部分地区、安徽省、河南省、甘肃省、西藏部分地区。

此外，城市类型还有一线城市、二线城市等，滨海城市、沿江城市、山地城市、平原城市、西部城市、东部城市、低碳城市、生态城市、城市群城市等。

2.2 城市灾害及其特征

2.2.1 灾害

表2-1给出了灾害的10个定义。

灾害的定义 表2-1

序号	定义
1	旱、涝、虫、雹、战争、瘟疫等造成的祸害
2	对能够给人类和人类赖以生存的环境造成破坏性影响的事物总称
3	自然灾害是由自然事件或力量为主因造成的人员伤亡和人类社会财产损失的事件
4	在某一地区、某一时间内，由地球内部演化、外部自然和人为作用所引起的，突发的或者通过积累在短时间内发生的，对人类的生命财产和生存环境构成严重威胁的，超过承灾能力的，致使当地的社会、生态和环境的全部或部分功能散失的自然——社会现象
5	凡是能够造成国家或者社会财富损失和人员伤亡的各种自然、社会现象，都可以称为灾害，它们是相对于人类社会而言的异常现象

序号	定义
6	由于自然现象的变化和人为原因造成的灾难和损失现象
7	对人类生活和社会构造产生严重影响,灾区社会维持功能有严重障碍,只靠灾区力量难以抵御的现象
8	所谓重大灾害,是因自然灾害、人为灾害,受灾地域广,恢复重建时间长,只靠灾区力量难以抵御,灾区的生活功能、社会维持功能产生严重障碍的灾害
9	包括地震在内的异常自然现象、重大火灾、核辐射等突发事件等因各种原因产生的灾难
10	异常的自然现象(天灾)以及重大火灾、爆炸等人为原因产生并给人类社会、生命带来的灾难

所谓灾害是因"灾"致"害"。繁体汉字"災",由水、火两种灾组成,"水火"是指灾难,"水火无情"形容水灾与火灾来势凶猛,一旦发生,人员伤亡与经济损失损失惨重。

实际上的灾不仅水与火,也不仅旱、涝、虫、雹、战争、瘟疫,凡是致灾因子、成灾外力——大火、地震、台风、山崩、滑坡与泥石流、大潮与海啸、核辐射、爆炸、暴雨与暴雪、传染病、战乱、恐怖袭击等均可成灾。

而灾害的"害",则是指人员伤亡,经济损失,生活条件、医疗条件、防疫条件甚至生存条件缺失,社会功能明显减弱,生态环境破坏,生命线系统瘫痪等。在灾害的"害"中,人员伤亡居首害。

因此,城市综合防灾既要遏止"灾",也要减轻"害",特别应坚持"以人为本"的原则,从"灾"与"害"两个方面研究城市综合防灾。如果能够消除、弱化致灾因子,从有"灾"转化成无"灾",从大"灾"转化成小"灾";而若消除或适量减弱城市承灾脆弱性,采取有效措施提高城市防灾能力,也可以有效取得上述效果。

2.2.2 防灾、减灾与救灾

(1)防灾

防灾是通过硬件对策与软件对策,预防灾害发生与灾情扩大。

防灾、减灾、救灾以防灾为首。体现"预防为主"、"未雨绸缪"的灾害管理原则。

硬件对策包括提高建筑与生命线系统的防灾设防水准,治理河道,加固海岸,监控山体崩塌、滑坡与泥石流,建立、健全避难场所系统、应急救灾物资储备系统、医疗保障系统、灾害情报系统与消防系统,实施灾害预报、预警等。

软件对策则是制定、实施城市建筑防灾的法律法规,编制城市防灾规划,开展防灾城市活动;指定城市水患与山体崩塌、滑坡、泥石流等危险地域的位置与范围,禁止在指定的危险处建造房屋,必要时撤离居住在危险部位的居民;绘制、公布城市灾害地图,掌握各类灾害在城市的分布与灾害程度;栽植城市防护林与火灾树木隔离带,防风灾、沙尘暴与火灾;在学校、社区、企事业单位开展防灾教育与演习,提高市民的防灾意识与能力;建立灾害情报的收集、传递、利用体制,居民、新闻媒体可以准确、快速了解灾情等。

城市防灾与灾害发生概率、致灾外力大小、规划外力和防灾界限有密切关系。灾害的外力越大,发生的概率越低;随灾害的外力增加,灾害程度的发展顺序依次是无灾→有灾→重灾;防灾的功能是:硬件对策预防灾害发生,软件对策预防灾害扩大;城市有防灾界限,如果灾害超过城市的防灾设防,可能发生重大灾害;城市灾害设防水准越高,防灾对策越科学，防灾效果越好。

一般认为，防灾是灾害发生前的对策与效果。

（2）减灾

减灾是灾害发生后把灾害损失减少到最小的对策与效果。救灾是减灾的重要组成部分。

防灾、减灾、救灾的关系如图2-2所示。

图中，裸灾是城市没有综合防灾对策条件下，一次灾害的受灾程度。防灾城市有较高的综合防灾设防与对策，遏止、减少部分裸灾发生，实际的受灾程度小于或者远小于裸灾的受灾程度。

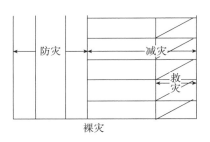

图2-2　裸灾、防灾、减灾、救灾关

（3）救灾

救灾是减灾的组成部分。通常，城市重大灾害损伤惨重，只靠灾区的人力物力难以完成救灾任务时，外部必须紧急救灾。因此，城市灾区的紧急救援一是充分发挥城市自身的救援力量，二是外部的支援。一座城市制定防灾规划时，应立足于自力更生重建家园，城市的领导者面对重大灾害不能无为乏力，更不能有严重"等、靠、要"思想。城市自身救援与外部支援形成强大的救援合力，可谓"攻无不克战无不胜"。

2.2.3　城市灾害的形成

城市灾害的形成是致灾因子作用于城市承灾体产生的灾难性后果（如图2-3所示）。自然致灾因子形成自然灾害，人为致灾因子形成人为灾害。致灾因子未必都存在于城市内，像台风、海啸来自气象、海象。

图2-3　城市灾害形成示意图

凡城市内能够受致灾因子影响的人与物都是城市承灾体。

人既是致灾因子，也是承灾体。在城市承灾体中，确保人身安全与健康是综合防灾的首要任务。决策城市承灾体的防灾措施时，必须坚持"以人为本"的基本原则。

2.2.4　城市灾害的类型

2.2.4.1　自然灾害与人为灾害

（1）自然灾害

自然灾害有多种定义。

①自然灾害是由自然事件或力量为主因造成的生命伤亡和人类社会财产损失的事件。

②自然灾害指自然界中发生的、能造成生命伤亡与人类社会财产损失的事件。

③自然灾害指自然界中所发生的异常现象，这种异常现象给周围的生物造成悲剧性的后果。相对于人类社会而言即构成灾难。

④自然灾害是自然致灾因子影响的后果。

⑤自然灾害是能造成灾难性后果的任何自然事件或力量，如雪崩、地震、水灾、森林火灾、飓风、雷击、龙卷风、海啸和火山爆发等。

分析上述定义可知，自然灾害是由异常的、致灾的自然现象引发的，并造成灾难性、悲剧性后果的自然事件或力量。

自然灾害包括地质灾害（地震、山崩、泥石流、滑坡、场地液化等）、气象灾害（暴雨、暴雪、台风、龙卷风、飓风、沙尘暴、冰雹、干旱、洪涝等）、海象灾害（海啸、大潮、高潮）等。

城市的地理位置、自然环境、防灾设防水准不同，发生的自然灾害也不同。我国东南沿海地区常受台风、暴雨的袭击；地震带上的城市有可能发生重大地震灾害；山区的城市发生地质灾害的可能性较大；滨海城市有时发生海象灾害；沿河川、湖泊、水库的城市应预防决堤、漫堤等。

6 种城市致灾自然现象的"灾"与"害" 表 2-2

"灾"	"害"	主要承灾地域与承灾体
1. 水灾（因江河湖泽地域长时间大雨决堤或溢流；集中性暴雨等）	淹没城市低洼地带，水流冲毁建筑与设施，排泄不畅发生内涝，地下建筑灌水，山体陡坡崩塌、滑坡、泥石流，交通瘫痪	江、河、湖、泽、水库沿岸城市，城市低洼与排泄不畅地带，山体陡坡地域，市民，建筑，生命线系统
2. 雪灾（较长时间大雪，集中性暴雪）	压毁建筑，阻断交通，物流停滞，郊区农牧业受损	我国东北、新疆与内蒙古的北部，市民与建筑，生命线系统
3. 风灾（台风、飓风、龙卷风）	吹毁房屋建筑，吹倒树木、电线杆、广告等标识牌，交通混乱，停电，台风、飓风常伴生暴雨、大潮之"害"，人员伤亡	我国台风主要发生在东南沿海与台湾省的沿海或近海地域的城市，市民与建筑，低洼地带
4. 地震（发生在地震活断层，震级大的浅源地震危害更大）	人员伤亡，建筑倒塌，设施损坏，生命线系统破坏或瘫痪，伴生余震，可能发生火灾、海啸、滑坡泥石流等次生灾害，重大地震灾害居民丧失基本生活条件、医疗条件、防疫条件，形成垃圾灾害，核电站可能发生核辐射	地震断裂带特别是近断层，市民，建筑，设施（包括核电站），生命线系统，江湖河海坝体，海啸可能传播到上万千米的远方海岸
5. 海啸（近海海底地震或远距离传播的海啸波引发）	人员溺亡，淹没、冲毁建筑，生命线系统破坏或瘫痪，滨海机场（含飞机）水淹或破坏，产生大量海啸垃圾，船只翻沉、冲上陆地甚至屋顶，发生次生火灾，因河水溯流引发水灾	滨海城市的沿海地域，凡被冲击、淹没的建筑、设施无不受害，袭击区内未及时避难的市民，入海河流溯流沿岸受灾，次生火灾危害地域
6. 山体崩塌、滑坡、泥石流（暴雨、地震等引发或大量砂土与雨水、河水混流而下）	淹没、冲毁建筑与设施，人员被埋，阻断交通（包括应急救援道路、消防通道），形成堰塞湖引发下游水灾	山地城市特别是沿河谷城市，人员、建筑、设施等

城市 6 种致灾自然现象的"灾"与"害"如表 2-2 所示。从该表可以看出，有"灾"才有"害"，大"灾"往往酿成大"害"。自然灾害是致灾的自然现象及其惨重后果的综合。综合防灾正是从上述两个方面，减少、减轻、控制致灾的自然现象及其惨重后果。

（2）人为灾害

人为灾害是由人类各种致灾行为引发的事故灾害。人为灾害包括战争、火灾、恐怖袭击、厂矿灾难性事故、严重环境污染和集体中毒、瘟疫失控蔓延、核辐射、交通（海、陆、空）事故、违反法律法规酿成的灾难（违反标准的规划设计、建筑偷工减料、偷排大量污染物等）、不作为、乱作为造成的管理事故（救灾迟缓，延误时机，扩大灾情；疏于管理，懈怠，隐瞒灾害及其灾情，违规违章处置，酿成灾害或扩大灾情等）。

所谓"人为"是有意而为、无意或误操作而为以及不作为（城市灾害管理部门不制定城市防灾规划，救灾迟缓等）。纵观我国人为灾害的研究成果，基本上忽视误操作和不作为。

2.2.4.2　单种灾害与复合灾害

单种灾害是自然灾害、人为灾害的单个灾害。制定城市综合防灾规划，应有针对性地设定若干单种灾害，例如：地震、台风、洪涝等。

我国有关地震复合灾害的研究刚刚起步。河北省地震工程研究中心的研究人员创建了复合灾害构成模型，提出了地震灾害都是复合灾害等诸多新理念，并初步探讨了应对措施。

1995年阪神地震后，日本开始关注复合灾害研究。2008～2010年日本学术振兴会所属机构先后召开3次复合灾害学术研讨会，交流了2007～2009年该研究领域的研究成果。2011年东日本地震的惨烈灾情与深刻教训促进了研究工作的进一步发展。

编制城市应急救灾规划，必须以复合灾害为基础，构建抗御复合灾害的能力。采取有效的防灾措施，减少复合灾害的构成灾害种数，降低、消除各构成灾害的叠加性与叠加效应，大幅度提高城市综合防灾能力。

2.2.4.3　主生灾害与次生灾害

复合灾害一般由主生灾害与次生灾害组成。主生灾害引发次生灾害。地震灾害的主震是主生灾害，余震等则是次生灾害；暴雨引发山体滑坡、泥石流，暴雨是主生灾害，山体滑坡、泥石流则为次生灾害。

次生灾害是由主生灾害引发的一种或多种伴生灾害。次生灾害与主生灾害共存。地震灾害的主生灾害（主震）与次生灾害如图2-4所示。

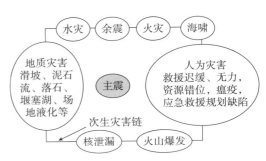

图2-4　地震灾害主生灾害与次生灾害示意图

2.3　城市灾害的特征

城市灾害具有灾害的共性，也有其个性。

2.3.1　突发性与可预知性

有些城市灾害属突发事件，突发事件具有突发性。依据《中华人民共和国突发事件应对法》第三条规定，突发事件是"突然发生，造成或者可能造成严重社会危害，需要采取应急处置措施予以应对的自然灾害、事故灾害、公共卫生事件和社会安全事件。"部分突发事件的惨烈情景如图2-5所示。

地震灾害是典型的城市突发事件，但有的也能临震预报。随着科学技术的进步与地震科学的发展，人类已经掌握了地震活动的一些基本规律，依据明显的地震前兆，可以预知某些地震将要发生的时间、地域和规模。我国已经成功临震预报了海城地震灾害。但在大多数情况下，由于没有明显的前兆或前兆模糊，很难做出准确的临震预报。无论有无预报，严重的地震灾害一旦发生，顷刻之间受灾地区的正常社会生活秩序、生活与工作条件突发性地遭受灾难性的破坏。因此，如果出现地震前兆特别是明显的地震前兆，必须随时快速掌握地质、气象、海象的各种异常现象以及地震台网观测到的地震动等情报，为判断是否发生地震，何时、何地可能发生多大规模的地震，是否向社会发布短期、临震预报以及震前准备等提供科学依据。

突发性的重大城市灾害，在非预料的极短时间内即可造成惨重的人员伤亡和经济损失。城市必须制定综合防灾对策，及时、有效应对。

图 2-5　突发事件示例图

有些城市灾害具有可预知性。例如：台风、暴雨（雪）等气象灾害，根据气象预报，可在灾害发生数天前，预知灾害的影响范围、行动路径以及可能造成的灾害程度。城市有可能提前数天发出灾害预报、预警。灾害影响范围内的居民应当按照预警预报和避难劝告、避难指令采取相应的防灾行动。

有的灾害是突发的，但也有一定的预知性，像地震灾害预警系统，可以提前几秒、几十秒发出预警信息，为快速逃生与避灾创造条件。

把难以预知性的灾害转化成可预知性的灾害，例如：提高重大地震灾害的短期、临震预报的准确性，是城市综合防灾的重要研究课题。

2.3.2　惨重性

由于现代城市具有人口集中、建筑集中以及存在承灾脆弱性等特征，重大灾害一般会造成比较惨重的后果。我国历史上死亡人数较多的地震灾害如表2-3所示。

唐山地震是城市直下型，共造成242469人死亡，175797人重伤（其中唐山地、市167535人），3817人截瘫。唐山市震亡148022人（其中流动人口12013人），重伤81630人；毗邻唐山市的丰南县震亡36884人，重伤22037人。此外，天津、廊坊、沧州等市还震亡2万余人。

我国历史上死亡人数较多的地震灾害

表2-3

时间（年）	地址	震级	死亡人数（万）	备注
1303	山西洪洞	8	20	
1556	陕西华县	8	83	震、焚、疫、溺、饥
1668	山东郯城	8.5	4	
1739	宁夏平罗	8	5	
1920	宁夏海原	8.5	23.4	
1976	河北唐山	7.8	24.2	其中，唐山市14.8万
2008	四川汶川	8	约9	含失踪

灾害越严重，紧急救灾、恢复重建的任务越艰巨。唐山市震后10年（1986年）重建基本结束。

2016年3月11日是东日本地震5周年，当天日本共同社报道，据日本复兴厅统计，地震次日避难人数约47万人，灾后近5年（2016年2月1日），仍有174471人（其中5万多人在外县避难）；由于人力物力不足，防潮堤只完成规划量（568条）的12.9%（73条）；地震受灾的学校114所，仍有51所（44.37%）在临时学校上课。由上述数据可知，面对重大自然灾害，即使经济发达国家，救灾、恢复重建的难度也较大。

城市灾害的严重性还与灾害损失的双重性（直接损失与间接损失）密切相关。直接损失是因灾直接造成的后果——人员伤亡（含精神上、心理上的创伤）和财产损失（建筑与设施破坏等）。其中，人员死亡不可复活；档案、文物等珍贵物品的消失性破坏不能复得。间接损失则是非灾害直接造成的后果——灾民的灾害关联死、产业停产停业、物流网瘫痪等造成的损失等。以灾后统计之日计，灾害的总损失＝直接损失＋间接损失。

据2015年12月28日日本《每日新闻》报道，东日本地震后福岛县关联死2007人，约占地震死亡人数（3835人）的5成多。因此，在灾害间接损失统计中，不容忽视关联死。

城市规划的缺陷或失误也是灾害惨重的原因之一。例如：城市特别是大城市、超大城市、山地城市，地价昂贵或场地资源短缺，规划建设的建筑物密度过高或高楼林立；填海造地、填湖造地，场地脆弱；利用山体、土体陡坡下的场地以及海、河川、湖泊沿岸近水开发建设等都有可能加剧、扩大灾害。

2.3.3　城市灾害的延续性

重大城市灾害从发生到恢复重建需要或长或短的一个过程。灾害发生后，灾害后果并不随即消失，需要治理、消除，逐步恢复城市功能，达到灾前水平并进一步发展。而且，灾后还可能发生次生灾害，需要预防、治理。以下以5个示例说明城市灾害的延续性。

①生命线系统功能的恢复。城市生命线系统功能破坏、瘫痪，造成城市部分地域或整个城市停电、停水、停（煤）气、通信停业、交通受阻甚至瘫痪等，对市民正常生活、城市经济社会活动产生灾难性影响。而且，影响一直延续到生命线系统完全恢复。恢复需要时间、人力物力与技术支撑。日本阪神地震、美国圣费尔南多地震生命线系统恢复进程如图2-6所示。显然，最先恢复的是电力，震后一天至几天恢复，不仅供市民照明，还用作其他设施与系统的电源。最后恢复的是煤气系统，基本恢复需要数天至数月。从总体上看，生命线系统的灾害要延续几天到数月。

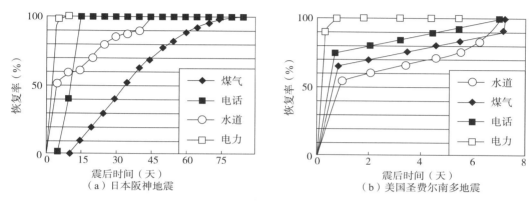

图2-6　生命线系统震后恢复进程

②市民丧失基本生活条件。这是城市重大灾害的重要特征，也是灾害延续和城市综合防灾的重点领域。因灾市民丧失衣、食、住、医等基本生活条件、医疗条件，必须通过"三救"，恢复与再建。市民丧失基本生活条件、医疗条件本身就是灾害，而且可能引发次生灾害。

③从简易城市向现代城市。所谓简易城市，是在灾后灾区生活与社会经济活动困难的条件下，为了确保市民有吃、穿、住、医等最基本的生活条件、医疗条件，初步形成城市功能而建设的一种临时性的、过渡性的城市。重大灾害发生后，恢复市民的基本生活条件、医疗条件和各行各业的经济社会活动宜从简、从易。受灾程度不同，简易城市的简易程度也有差异。灾害越严重，城市越大，恢复条件越恶劣，简易程度越高。唐山大地震后，简易房、简易工厂、简易商店、简易医院、简易学校等构成唐山地震简易城市的简易形象（见图2-7）。唐山市是在遭受7.8级地震浩劫的情况下，建设简易城市继而重建新唐山，震后10年一座新兴城市在地震废墟上崛起，并为城市可持续发展和建设现代化的沿海大城市奠定了基础。建设简易城市，是灾后救灾取得初步成果的基础上，灾区民众自力更生重建家园的重要举措，是重大灾害恢复过程的一个阶段，并有助于缩短灾害延续时间。

④防疫灭病。爆发瘟疫是重大灾害后可能出现的灾害延续现象。目前，由于城市重大灾害后，普遍重视防疫灭病，有效控制了瘟疫蔓延。但海地地震后霍乱肆虐，死亡7千余人。这是近些年来，因次生瘟疫延续灾害的少有示例。我国历史上瘟疫蔓延的重大地震灾害是华县地震。唐山地震后，曾经出现肠道传染病发生的苗头，及时采用多种有效措施，控制住疫情，"大灾之后无大疫"。2006年10月飓风"马修"袭击海地，造成近900人死

| 简易房 | 简易商店 | 简易火车站 |
| 简易门诊 | 简易学校 | 简易工厂 |

图 2-7 唐山地震简易城市的"简易"示例

亡，并发现霍乱病例。

⑤垃圾灾害。垃圾灾害一直延续到垃圾处理（再生利用、焚烧、填埋等）完毕。唐山地震唐山市区有建筑垃圾（地震建筑废墟）2000 多万吨，截止 1978 年底清理大约 50%。据估算，东日本地震仅福岛、宫城、岩手 3 个县就有各类垃圾 2200 万吨，是日本阪神地震的 1.6 倍。而且，部分海啸垃圾漂洋过海，扩大污染地域；福岛核电站附近的垃圾还受到核污染，增加了处理难度（见图 2-8）。震后 5 年基本完成清理任务。灾害垃圾堵塞交通，占据建设用地，污染土壤与水体，破坏城市生态平衡，还有可能滋生蚊蝇，成为瘟病传染源。

图 2-8 东日本地震的垃圾灾害

2.3.4 城市灾害情报的准确性与速发性

由于城市重大灾害的突发性、惨重性，灾害情报更应具有准确性与速发性。

情报准确性与速发性是灾害情报的基本属性，有不容忽视的理论与实用价值，是灾害情报学的重要组成部分。

所谓灾害情报的准确性是依据灾害情报采取的综合防灾对策符合灾害的实际状况或预期。灾前，准确的灾害情报是判断灾害是否发生，发生的时间、地域范围和强度，采取防灾措施的重要依据；灾时，准确的灾害情报可以综合汇集灾区的实际灾情，依此在紧急救灾阶段合理配置救灾资源。而失真的灾害情报，像灾害谣言破坏性甚大。

灾害情报生产、传递、管理与利用者普遍关注灾害情报速发性。通常，一个完整的情报过程包括：情报产生→分析→传递→利用与利用效果。情报速发性是从情报产生到情报被利用的速度高低的尺度。在重大灾害条件下，"时间就是生命"，"时间就是效益"，"时间就是金钱"，比较贴切地形容灾害情报速发性的速发效果。灾后的灾害情报内容极为丰富，且急迫性高，应在极短的时间内把灾害的综合情报速发、汇集到救灾指挥部门。早期综合情报的速发性越高，越准确，越全面，救灾决策越科学、可靠，其产生的综合情报效益越大。

灾害情报的准确性、速发性，一般都以高新技术为技术支撑。例如：日本阪神地震后，为了提高地震灾害情报准确性、速发性，采取了一些有效的措施：在横滨市区设置高精度强震仪网络；广泛利用地理信息系统（GIS）；建立综合防灾必备的数据库（场地数据库、建筑物数据库等）；确保情报系统畅通无阻。

地震监（观）测技术示意图如图2-9所示。

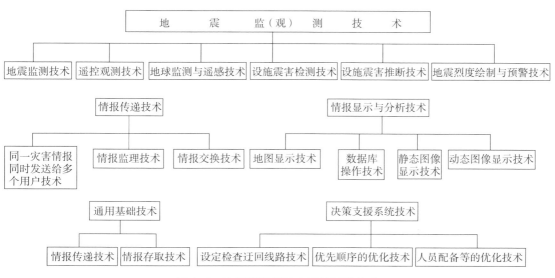

图2-9 地震情报系统应用的高新技术

准确、高速、综合、畅通是灾害情报系统的共同特点，现代高新技术是形成共同特点的重要保障。而且，灾害情报系统采用的现代高新技术，不是其中的一种，也不是少数几种，往往是多种技术的综合。以地震灾害情报系统为例，需要情报通用基础技术、地震监

（观）技术、情报显示与分析技术、情报传递技术和决策支援系统技术。

　　计算机技术、现代通信技术、气象预报预警技术、空间（通信卫星、气象卫星、地球侦察卫星等）技术、新材料技术、能源技术、海洋技术、激光技术、生物工程技术等各种高新技术在灾害情报系统中得到广泛应用。

　　概言之，基于城市与城市灾害的特征，城市防灾学重点研究城市地域内的致灾因子、承灾体及其脆弱性、城市灾害的灾前预防与灾后救援、恢复重建以及影响城市防灾减灾救灾的其他各种因素（灾害情报、建设防灾城市、环境灾害、急救灾害医学、灾害经济、灾害弱者、灾害文化）等。城市与城市灾害的特征决定城市防灾学的研究内容与研究成果。

第三章　城市承灾脆弱性

3.1　城市承灾脆弱性

城市灾害脆弱性是 20 世纪 80 年代以来灾害学的重要研究内容之一。

城市承灾脆弱性为揭示、综合分析城市承灾的各个薄弱环节，指明强化城市防灾能力的基本方向，规划建设防灾城市提供科学依据。

所谓城市承灾脆弱性是指城市遭受灾害特别是重大灾害时，承灾体的易损性（易于遭受破坏与伤害）。

"脆"是在灾害外力作用下，人与物易损的性质或状态。因为"脆"，容易造成人员伤亡和经济损失。

"弱"则是人与物对灾害外力作用的敏感性，有灾就有害或者小灾酿成大害。

"脆弱"则是"脆"与"弱"的综合。城市的防灾能力越强（弱），承灾脆弱性越低（高）。

脆弱的反义是坚韧。"坚"——牢固、坚固、强固有力而不易摧毁；"韧"——形变不折，履险如夷。从城市防灾学的角度看，坚韧形容城市承灾体具有刚柔相济的抗灾性能，人与物承灾能力强，有可能实现"有灾无害"或"大灾小害"的夙愿。

城市承灾脆弱性也可以用城市灾害免疫力解释。现代免疫学认为，免疫力是人体识别和排除"异己"的生理反应。人体内执行这一功能的是免疫系统。城市灾害免疫力则是城市抵御各种灾害的综合能力。城市有无综合防灾要素系统及其完善程度决定城市灾害免疫力高低。城市防灾组织机构的防灾意识与组织指挥智能、城市重大灾害的承灾（紧急救援、恢复重建）能力、城市居民的防灾意识与自救互救能力、城市防灾建筑设施质量与配置程度、城市防灾资源储备与配置状况、自然环境的灾害适应力等多种要素影响城市灾害免疫力。城市灾害免疫力与灾害科学（基础科学、实践科学），灾害教育，防灾人力、物力、技术投入与管理，灾害文化，"三救"的接续、融合与效果等密切相关。城市应不断增加防灾经费投入，改善城市环境（创新、协调、绿色、开放、低碳、与自然和谐共生），提高城市灾害免疫力，构建坚韧的防灾城市。

防灾城市、坚韧城市、承灾脆弱性城市、灾害免疫力低的城市是城市防灾学从不同的角度研究城市防灾能力提出的基本概念。四者的关系如图 3-1 所示。对于承灾脆弱的城市、灾害免疫力低的城市，通过科学研究，发现城市承灾脆弱性环节和灾害免疫力低的

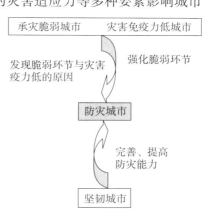

图 3-1　四个基本概念的相关图

原因，采取有效措施强化脆弱环节，提高灾害免疫力，进而规划建设防灾城市；完善、提高防灾能力，由坚韧城市发展成防灾城市。坚韧城市的坚韧性内涵丰富，只重社会经济发展的坚韧性而轻防灾坚韧性的城市不是防灾城市，只有完善、提高防灾能力，才有可能建成防灾城市。

一座城市发生的重大地震灾害、强台风超强台风等自然灾害，在同种程度的灾受区（例如：地震烈度相同的地域），城市的每个人、每座建筑设施承受的灾害外力应当大体上相同，但受灾的程度却有较大差异。一些人伤亡，另一些人则安然无恙；一些建筑设施倒塌、烧毁、冲毁，另一些则完整无损；有的人群（例如：灾害弱者）伤亡惨重，另一些人群则受灾甚轻等。这从一个侧面说明，即使是同一座城市的人与物承灾脆弱性未必相同。有必要科学评价城市的承灾薄弱环节，采取有效措施降低整个城市的承灾脆弱性，提高城市的综合防灾能力。

研究表明，城市灾害的扩大、延伸，酿成更大的灾害，也与城市承灾脆弱性密不可分。例如：火灾承灾脆弱性高的城市，一处大火，有可能"火烧连营"。因此，城市防灾学在研究灾害及其成因的基础上，应进一步综合探讨城市政治、社会、经济、文化等领域以及灾害预防、紧急救援、恢复重建各个阶段的城市承灾脆弱性。

3.2　我国城市的承灾脆弱性

我国城市承灾脆弱性可以概括为以下几个方面：

（1）安全隐患严重，城市全面安全防灾能力脆弱

尚不能完全认识灾害发生与发展的规律，一些已经制定的城市安全防灾规划有的不是过时，就是不能很好地适应灾害防御的要求。安全意识和防范措施不够、无力。

（2）减灾投入不足，直接影响城市防灾基础设施与软件建设

增加减灾投入是目前城市防灾减灾亟待解决的问题。一些城市的领导者对防灾减灾投入效益认识模糊，在城市防灾减灾领域，看不到潜在的防灾效益，不愿把钱投到防灾工程上。因此，城市防灾设防水准低，避难场所、救援物资储备库、城市生命线系统等缺失或不健全，城市承灾脆弱性高，免疫力低。

（3）防灾减灾法制建设不完善，减灾的保险机制不健全

有论证认为，我国城市减灾最大的欠缺就是法制化不足，因此防灾责任、科技投入、救灾标准、灾害经济与保险、国民的防灾教育与演习等缺乏立法保障。

（4）城市发展、减灾配套研究与防灾减灾理念滞后

随着城市功能和设施的不断完善，人、自然和环境之间的关系愈来愈复杂，致灾因素有不断扩大的趋势。生命线工程的防灾技术研究基础相对薄弱。地下空间，虽然能防御外来灾害，但一旦发生灾害（尤其是火灾和水灾），不易逃生，容易造成惨重后果。

（5）区域网络化引起新的灾害隐患

在信息时代，各城市之间交往频繁，关系更加密切、复杂。为适应这种变化，一些城市调整产业与空间结构，随之改变城市形态以及市民的生产方式、生活方式，但同时也给城市安全带来诸多重大隐患。一座城市一旦发生某种灾难，有可能通过网络化城市链传播到其他城市，最终影响到所有的区域。在这种城市链中，由于各城市之间人流、能流、物

流和信息流的快速流动与交换，削弱甚至消失城市个体生存的独立性。城市信息灾害、恐怖袭击灾害、经济恐慌灾害的危险性加大。

（6）重大灾害紧急救援要素系统不健全

重大灾害紧急救援要素系统的因素包括组织指挥机构，支援灾区的部队官兵、医务人员、抢险救援工程技术人员、志愿者，城市居民与社区，生活必需品，医疗设施与药品（含防疫），避难场所，此外还有国际救援队。从近些年来我国发生的重大灾害紧急救援的情况看，灾后能及时有效派遣、调拨支援灾区的人力资源与物力资源，但灾区城市自身的生活必需品、医疗设施与药品的储备和避难场所（含防灾设施）不仅数量不足，供应也较迟缓，折射出城市在综合防灾决策中，重救轻防。这是灾害预防、紧急救援的重要薄弱环节。

（7）灾害文化

灾害文化是在重大灾害环境下，灾区民众与支援灾区人员发扬抗灾精神，在紧急救援、恢复重建和社会经济发展过程中，采取的生活方式、行为方式以及生产方式。灾害文化是人类应对、战胜重大灾害实践中，形成的物质与精神两个方面的成果，包括衣、食、住、医在内的防灾减灾技术、学问、艺术、道德与生活方式、生活内容等。灾害文化产生巨大的防灾减灾效益，是减少城市承灾脆弱性不可忽视的内容。城市应当夯实灾害文化、灾害教育的底蕴，灾害文化深入人心，创建城市居民、企事业单位、城市政府与支援灾区的解放军官兵、医务人员等协作联动防灾减灾的浓厚文化氛围。

此外，城市领导、灾害管理部门综合防灾减灾意识薄弱，城市没有灾害设防或设防水准较低，没有按照新的国家标准设计新的建筑设施，避难场所不达标特别是防灾设施不健全、一些防灾功能缺失，灾区边远地区的救援投入不足，文化遗产保护措施无力，产业结构不合理，不同人群的承灾脆弱性研究，灾害弱者和室内家具类防灾研究与措施薄弱等。

3.3 承灾脆弱性的示例分析

下面以 4 个示例说明造成惨重人员伤亡和经济损失的一些重大灾害和灾区承灾脆弱性密切相关。

（1）唐山地震前唐山市是地震灾害承灾脆弱性城市

唐山地震前唐山市的建筑没有抗震设防或抗震设防水准低（地震烈度Ⅵ度），在 7.8 级地震的作用下，极震区的建筑基本倒塌，城市生命线系统瘫痪，死亡 24 万余人。唐山地震地震烈度如图 3-2 所示。由该图可以看出，唐山市区的地震烈度为 X 度、Ⅺ度，少部分为Ⅸ度。而地震烈度Ⅵ度的分布区距离唐山市区 100km 以外（除玉田县的部分地域之外）。因此，应对 7.8 级唐山地震，地震烈度Ⅵ度设防是无效设防，不可能改变唐山市是地震灾害承灾脆弱性城市的实质。如果震前唐山市的建筑按地震烈度Ⅺ度设防，建筑基本不倒塌，将大幅度减少人员伤亡和经济损失。就是按Ⅷ度、Ⅸ度设防，也有一定的防震效果。

（2）1923 年日本关东地震前东京市是无火灾设防的火灾承灾脆弱性城市

关东地震发生在中午做饭之时，东京市的火灾几乎与地震灾害同时发生，大火从地震当天的中午一直燃烧到震后第三天的下午 6 时。火灾在市区延烧的变化如图 3-3 所示

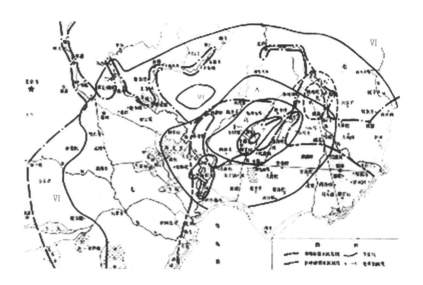

图 3-2　唐山地震烈度分布图

（图中黑色区域是火灾烧毁区）。东京市的日本桥区全部建筑被大火烧毁，浅草区烧毁98.2%，本所区93.5%，京桥区88.7%，深川区87.1%。有一个被服厂烧死3.8万人。火灾承灾脆弱性主要表现在城市建筑多为易燃木制建筑，地震发生时一些居民未熄灭做饭的火源，避难人数多且携带大量易燃物（车辆、被褥等）无序避难，消防设施数量少不能满足消防需求，又有大风助虐，火势快速蔓延，遇难者半数死于火灾，烧毁房屋21.2万余栋。这次地震还暴露出当时的东京市还是地震、海啸的承灾脆弱性城市。

从黑色的面积增加可以看出火灾蔓延速度之快

图 3-3　日本关东地震火灾蔓延图

（3）我国许多城市是内涝灾害承灾脆弱性城市

据统计，2008年至2010年，我国62%的城市发生过城市内涝，内涝灾害超过3次以上的城市有137个，其中57个城市的最大积水时间超过12小时。说明我国大部分城市是内涝承灾脆弱性城市，且有的城市一而再再而三发生。2016年夏，我国南方与北方部分城市遭遇多轮暴雨、大暴雨，许多城市内涝严重（部分内涝情景如图3-4所示）。

图3-4 2016年夏我国部分城市内涝的情景示例图

从城市防汛防洪设施的角度看，城市内涝的主要原因是排水泄洪能力低，不能随时或在较短时间内，把暴雨、特大暴雨的降水排出城区，从而淹没街道，灌入室内，产生内涝灾害；城市缺乏"防大汛、抗大洪、抢大险、救大灾"的意识，没有针对已经暴露出的薄弱环节增强城市的防汛抗洪能力；海绵城市刚刚试点兴建，其排水泄洪能力有待实践的考验。

（4）山地城市地质灾害承灾脆弱性

我国山地城市多发地质灾害。据报道，2014年我国共发生各类地质灾害10907起，其中滑坡8128起，崩塌1872起，泥石流543起，地面塌陷302起，地裂缝51起，地面沉降11起，造成349人死亡、51人失踪、218人受伤，直接经济损失54.1亿元；2015年全国共发生地质灾害8224起，死亡229人、失踪58人、受伤138人，直接经济损失24.9亿元。显然，我国地质灾害频发，每年都造成数百人伤亡和严重经济损失，因此防治地质灾害的投资不断增加，例如：2004年投入17.52亿元，2013年123.54亿元，后者是前者的7倍多。还应当指出，地质灾害往往是主生灾害的次生灾害。重大地震灾害、暴雨或较长时间降雨容易诱发滑坡、泥石流、山体崩塌。

3.4　城市承灾脆弱性的评价

3.4.1　评价内容

评价范围广泛，内容错综复杂，概要如下。

（1）城市抗灾组织、指挥、保障功能

不仅评价被评价的城市，还必须考虑其发生重大灾害时首都、省（自治区、直辖市）府以及城市群其他城市的波及破坏程度，城市抗灾组织、指挥、保障功能与之密切相关。重大灾害的组织指挥机构通常由国家、省部、市以及县区镇村等多级组成。城市防灾的重大决策由上而下的逐级贯彻执行，且由下而上地逐级反馈灾情、灾区需求以及需求满足状况。各级组织指挥机构是实现以防为主，防、抗、救相结合，坚持常态防灾减灾和非常态救灾相统一，实现从注重灾后救助向注重灾前预防转变，从单一灾种向综合减灾转变，从减少灾害损失向减轻灾害风险转变，全面提升全社会抵御自然灾害综合防范能力的组织保障。重大灾害发生后，各级组织指挥机构应当依然有基本的组织、指挥、保障功能，即使功能严重破坏，也能快速恢复。还应当指出，防灾减灾组织指挥机构是灾后紧急救援要素系统的第一要素，是影响其他要素产生、发挥效益的决定性要素。

（2）部队、公安与消防

这是灾区公救的人力资源保障。对于灾区防灾减灾救灾起极为重要作用。部队有灾区城市及其附近的驻军和外地支援灾区的部队。前者的公救可以与居民的自救、互救快速接续、融合，提高公救的时效性，唐山地震以公救方式扒救出的埋压在地震废墟中的灾民多大是驻唐山部队完成的，扒救埋压在地震废墟深层的灾民则主要依靠外地支援灾区的部队。部队、公安、消防官兵是维护社会秩序，保障国家和灾区安全，抢险救灾的核心力量。每个城市都有比较健全的公安系统和消防系统，是减少城市承灾脆弱性，创建安全城市的必要因素。城市防灾规划宜根据灾后救援需求估算出支援灾区的部队人数，为调拨部队提供依据。规划灾时用地时，应考虑支援灾区部队的宿营地，临时设置医疗队医院的地址等。

（3）城市建设

建设坚韧城市、防灾城市是城市建设的基本要求与目标。城市必须建立健全各级综合防灾减灾组织机构。有适度的灾害设防水准，唐山地震重建的建筑设施按地震烈度Ⅷ度设防，部分建筑提高到Ⅸ度，重建基本结束时是我国抗震最安全的城市。即使发生罕见的灾害，城市也应保持基本的防灾减灾救灾能力。城市的总体规划、防灾规划是城市建设的重要依据，其应当明确规定城市防灾减灾的原则、目标、措施以及通过一个、几个规划期建设成为坚韧城市、防灾城市。确保城市居民人身安全的关键是降低住宅、学校、不特定人群设施的承灾脆弱性，而且提高城市生命线系统（特别是电力系统、交通系统、情报系统、给排水系统）的抗灾能力对于灾时居民的基本生活保障，城市快速、有效救灾与恢复重建有重要意义。依据国家标准《城镇防灾避难场所设计规范》规划设计满足居民避难需求且防灾设施完备的避难场所系统，为灾后无家可归者、有家难归者提供避难栖身之所。避难场所系统包括避难所（室内封闭式、室外开放式）、避难道路和防灾设施，灾后可立即启用，且各种防灾设施能够正常运转。加强城市防灾基础设施建设，主要包括医疗机构与设施、防火设施、排水泄洪设施、灾害监控与预报预警设施、灾害情报网络设施、救灾救援运输设施等。与城市群中的其他城市或附近的城市签订灾时互救合同，提高灾区城市的紧急救灾能力。逐步淘汰、加固改造建筑老化、人口密集、交通拥堵、环境脏乱差的老城区，按照最新的抗灾标准规划建设新的建筑设施，从建筑设施总体上不断提高城市抗灾能力。科学利用城市用地，减少城市的致灾因子，弱化致灾外力，建筑设施避让灾害源，城市结构、布局有助于综合防灾。"绿水青山就是金山银山"，规划建设绿色城市，合理布局城市公园、绿地，兴建城市水系水网，妥善处理城市生活垃圾，彻底改善城乡结合部的卫生状况，城市污水经处理达标排放，积极创建有良好生活环境、生态环境、防灾环境、城市可持续发展环境的城市。城市防灾建设包容建筑设施防灾，精神防灾，公安系统、消防系统和医药卫生系统合力防灾，"三救"防灾，城市居民、企事业单位与城市政府协作联动防灾，紧急救援资源储备防灾，且城市尚应具备自力更生重建家园的实力。城市应当制定一些重大灾害的避难标准，力求灾时把灾害威胁区内的居民转移到安全场所。

（4）住宅

城市住宅的抗灾能力是影响居民伤亡程度的重要因素。逐步淘汰或按照城市新的灾害设防水准、新的防灾标准改造加固老旧住宅，城市老城区的住宅密集区实施防灾改造，扩宽道路，增设防火隔离带。2016年意大利地震老旧建筑大量倒塌的教训值得借鉴。新建建筑全部按照新的抗灾（抗震、防火、防风、防涝）标准设计施工，并严加管理、监理，确保建筑质量。开展住宅抗灾能力诊断，采取新建、改造加固、淘汰相结合的方法，逐年提高城市住宅的抗灾（震、火、水等）化率。绘制城市灾害地图，圈定低洼易涝、受滑坡泥石流等地质灾害威胁、住宅尤其是老旧住宅密集的地域，作为降低承灾脆弱性的关键部位。为各住宅区的居民规划建设满足避难需求的避难场所。城市居民是防灾教育与演习的重要对象，掌握防灾基本知识，提高防灾意识对有效实施自救、互救有重要意义。居民住宅区是城市生命线系统特别是电力、煤气、给排水、电话密集分布区，是住宅承灾脆弱性大小的重要因素。居民住宅区是灾时运送伤病员、生活必需品以及开展消防活动的重点地域，畅通的道路有助于及时有效地开展各项救援活动。住宅区内一般都有小学，灾时小学安全牵动着千万家长的心，建立紧急情况下家长与学校的快速情报交流机制，重大灾害发生后家长可以及时了解学生的安抚信息。

（5）医药卫生

地震、火灾、滑坡泥石流、瘟疫等重大灾害通常都造成较多的人员伤亡，短时间、集中性地产生人数众多的重伤病员。和城市的常态医疗比较，非常态医疗的医务人员、医疗设施与药品、床位的需求量大幅度增加。城市原有医疗系统的医疗服务能力、技术、床位以及医疗设施与药品的储备不能甚至远不能满足灾后的实际医疗需求。城市应适量储备医务人员、医疗设施与药品（含防疫），并提高医疗机构的抗灾能力，减少承灾脆弱性，尽可能降低灾时城市医疗系统的损失，确保具有城市自身的灾时基本医疗功能；可与附近的城市医疗机构签订灾时支援医务人员、医疗设施与药品的合同，需要时城市得到外部的医疗支援；国家、省（自治区、直辖市）抗灾组织机构，调拨支援灾区的医疗队支援灾区。灾时，城市医药卫生系统的主要脆弱性表现在挽救濒危、危重患者的能力差，有效控制瘟病爆发的能力低。城市灾害管理部门应从急救灾害医学的视野审视医药卫生系统的承灾脆弱性。另外，重大灾害特别是重大地震灾害对人的伤害包括人体与精神两个方面，人体伤害的种类繁多，需要多个医学学科综合治疗；精神创伤主要是灾害的应激反应，需要心理康复治疗，逐步恢复健康。在急救灾害医学领域必须关注灾害弱者（老弱病残孕），灾时得到必需的医疗与护理。由于灾时城市生态环境、卫生环境遭受破坏，居民的抗病能力降低，比较容易发生疫病并可能快速蔓延，重大灾害发生后必须高度重视疫情监控，并依据疫情及时采取有效措施，确保"大灾之后无大疫"。

（6）生活必需品的储备

重大灾害发生后，能否在紧急救援阶段及时适量提供生活必需品是评价城市承灾脆弱性高低的重要因素。平时，城市应当通过多种途径储备适量的紧急救援生活必需品，为灾后灾民创造基本生活条件。笔者在《地震灾害应急救援与救援资源合理配置》一书中，概述了紧急救援概论，地震复合灾害与紧急救援，地震灾害紧急救援的实证研究，紧急救援资源与定量计算，紧急救援物资的储备与配置，避难、避难场所、避难生活与避难紧急救援，紧急救援资源配置模型研究等，对于评价灾后生活必需品的承灾脆弱性有重要参考价值。

（7）灾害情报系统

建立城市灾害情报网络，作为城市灾害管理部门组织指挥防灾减灾救灾的信息平台，并且与上下级灾害组织指挥机构、城市电台、电视台、因特网等联网，共享灾害情报。宜充分利用高新科学技术完善、提高灾害情报网络的服务能力与服务质量。城市灾害情报网络宜融合地震、海啸、台风等预报预警系统，扩大多种灾害的预报预警功能。灾害情报网络必须深入到避难场所、医院、福祉机构，为上情下达下情反馈、传递避难劝告与避难指示、收发平安情报创造条件。灾情、灾区救援资源需求与满足需求程度的情报反馈，应当是城市灾害情报网络的重要功能。

（8）能源

城市应有适量的汽（柴）油储备能力，遭受重大灾害后，能满足紧急救援阶段城市的救护车、消防车、救援运输车辆以及发电机等的燃料需求。紧急救援物资储备库储备满足灾时需求的各种型号的干电池，用作手电筒、半导体收音机、扩音器等的电源。必须确保核电站安全，即使发生罕见的特大灾害也不允许发生核泄漏事故，东日本地震福岛核电站爆炸，当地民众深受其害，而且还在较长时间内严重污染生活环境、生态环境、海洋环境。电力是城市灾害紧急救援、恢复重建的重要能源，灾后城市电力系统不瘫痪或者即使瘫痪也能快速修复，通常城市生命线系统的恢复首先的电力，为随后的道路、通信、给排水、煤气等系统的恢复提供动力。城市的电力系统宜与广域大型电网联网，城市电站即使遭受严重破坏，电力系统修复后可以利用外网供电。在电力供应紧张的条件下，优先考虑医院、情报系统（灾害情报网络、因特网等信息网络、电话、电台、电视台等）、避难所的电力供应。

（9）中小学校

通常，城市设有各类学校。其中小学、幼儿园的学生人数最多，且属灾害弱者，是城市防灾的重点保护对象之一。重大灾害发生时，必须确保学校建筑不倒塌，不烧毁，不水淹，不受滑坡、泥石流等地质灾害威胁。各类学校应当定期或不定期地组织师生开展防灾教育与演习，编写中小学综合防灾指南，并开设相关课程。抗灾性能比较好的学校建筑和体育场（馆）增设防灾设施后可以规划建设成避难场所。学校各班班主任宜与学生家长建立常态时与非常态时的情报交流机制，一旦发生重大灾害，家长可以及时了解学生的状况。

（10）环境

恶劣的环境污染以及各种重大灾害是产生环境灾害的主要原因。其他灾害与环境灾害形成复合灾害，加剧灾情。短期内难以清除的海量灾害垃圾即是环境灾害。东日本地震后，海啸垃圾、建筑垃圾为患，灾后数年才处置完毕。灾害垃圾既污染环境，又延迟恢复重建进程。重大灾害往往造成城市生活环境、生态环境、能源环境严重破坏，城市应当有快速恢复重建城市环境的能力。尽快恢复城市电力系统与煤气系统对减少环境污染起重要作用。海城地震后，居民普遍利用煤做生活能源，不仅污染环境，还引发多次火灾。重大灾害的大量遇难者尸体是重要的污染源，城市应具有清尸防疫能力。灾后，有可能爆发瘟疫，必须高度重视环境卫生，饮用水消毒，主张饮用沸水。

（11）交通与物流

城市交通一般由水（河、湖、海）、陆（公路、铁路）、空（直升机、运输机、客机、无人机）组成。在制定综合防灾对策时，宜充分发挥城市交通优势。街道交通平时是城市居民生活、工作、学习必不可少的交通工具与空间，灾时是居民避难、运送伤病员与紧急救援资源、开展消防活动的必由之路。瘫痪（堵塞）是街道交通最大（常见）的承灾脆弱性。为防止灾时交通堵塞、瘫痪，街道交通宜网络化、冗余化，即使部分路段堵塞，交通依然畅通，即有效消除城市交通的承灾脆弱性。关于市外交通，灾时影响公路承灾脆弱性的主要因素是在短期内大量车辆集中性地奔赴灾区，极易发生交通事故与道路堵塞，山体崩塌、滑坡、泥石流、落石、暴雪积雪阻断道路以及暴雨冲毁、淹没道路。因此，灾时部分公路实施交通管制，在易阻断处修建地质灾害防护墙，减少公路的承灾脆弱性。影响铁路承灾脆弱性的因素与公路相近，但还应考虑路轨破坏与变形。空运的重要交通优势是速度快，不受途中地面各种灾害的影响，更适合灾时转运重伤员，运送支援灾区部队、医务人员以及紧急救援物资（急需的药品、医疗设施等）等。但起止点必须有飞机场（坪），唐山地震唐山军用机场，汶川地震成都双流机场对抢险救灾做出重要贡献。国家标准《城镇防灾避难场所设计规范》中规定城市（含有大型机场的城市）应建直升机坪，对于降低城市交通承灾脆弱性有重要意义。特别是灾时形成孤岛地域的紧急救援与处于险境灾民的及时、有效抢救，直升机与无人机有不可替代的作用。芦山地震时，有的山区县城连降落直升机的空地都没有，只能降落在城区的公路上，限制了空运紧急救援功能的发挥。一些沿江河、滨湖海的城市，水路是重要的运输途径，例如：海地地震太子港的一些居民乘船逃离灾区，日本阪神地震利用舰船运送支援灾区的紧急救援资源等。灾害发生后，物流数量剧增，大量紧急救援资源运往灾区，灾区的海量灾害垃圾运往处理场地。灾后水、陆、空交通无阻与物流畅通，是降低城市承灾脆弱性的一个重要侧面。

（12）土地利用

综合考虑城市土地的防灾特性，从综合防灾减灾救灾的视野，合理利用城市土地，力求城市综合承灾脆弱性最低，抗灾性能最高。不在低洼易涝，受山体崩塌、滑坡、泥石流威胁（灾害源、崩塌落体与灾害体滑动流动地域）和严重液化的地域规划建设建筑特别是住宅、学校、不特定人群设施等。避免产业区与居民区混建，其分建时二者的距离应符合国家标准，且之间宜设安全（防火、防爆、防毒气泄漏、防噪声、防振动）隔离带，把二者之间的灾害波及减少到最小。市区内规划建设易燃易爆危险品工厂和仓库必须有法可依，且有严格的防火防爆措施，2015年天津市滨海新区危险品仓库爆炸（见图3-5）的惨痛教训值得汲取。

街道建设既要考虑交通功能，又要兼备防灾功能——紧急救援、避难、消防、火灾隔离与终止等。

合理规划布局避难场所、紧急救援物资储备库，为灾时就近避难、尽快获取紧急救援的生活必需品创造条件。宜规划建设公园绿地、河湖水（网）系，并逐步完善健全防灾功能、美化生态环境功能，创建宜居、宜业、宜生活城市。如果从城市安全势的观点评价城市承灾脆弱性，安全势高的用地宜规划建设居民住宅、学校、医院、福祉机构、不特定人群设施等人口密度高的建筑以及其他安全性要求高的建筑设施；安全势低的用地宜进行防灾改造（清除地质灾害发生源或设防护墙，填平低洼易涝地，加固河、湖、水库堤坝

图 3-5　2015 年天津市滨海新区爆炸的惨景

等）或栽植防护林带、开辟湿地公园或城市水系（网）；充分利用安全势高的用地，避让、改造安全势低的用地，全面提升整个城市的安全势，是降低城市承灾脆弱性的重要措施。

由上述可知，城市承灾脆弱性的评价范围广泛，且各评价范围之间的关系复杂，相互关联，互相影响，相辅相成，相得益彰。

3.4.2　评价目标

评价目标及其示例（不能发生的恶性事件）如表 3-1 所示。

评价目标及其示例表 3-1

评价目标	目标示例（不能发生的恶性事件）
1. 即使发生重大自然灾害也能最大限度的保护人身安全	①城市建筑等大面积倒塌和人口密集区火灾蔓延，伤亡惨重 ②集聚不特定人群的设施（商店、图书馆、影剧院等）（地震）倒塌、（火）烧毁、（水）冲毁、（风）刮毁 ③在较长的海岸线上发生重大海啸、高（大）潮，城市未规划建设避难所，无预警系统，或不避难、避难迟缓，导致大量人员伤亡（例如：印尼印度洋地震海啸，东日本地震海啸等） ④因气象条件恶劣，长时间大范围暴雨，城市严重内涝，淹没住宅、其他建筑空间和道路，危害居民安全 ⑤火山喷发或者重大地质灾害（滑坡、泥石流等）不仅造成人员伤亡，还大幅度增加城市承灾脆弱性 ⑥由于灾害情报不畅，居民未避难或避难迟缓，人员伤亡惨重 ⑦发生重大灾害，核电站爆炸（例如：东日本地震福岛），产生核污染 ⑧大江大河、水库决堤，造成人员伤亡 ⑨灾后爆发疫病（例如：海地地震霍乱），无力控制，长时间广域蔓延 ⑩交通混乱，恶性交通事故频发

评价目标	目标示例（不能发生的恶性事件）
2. 重大自然灾害发生后能够迅速开展紧急救援和医疗活动	①长时间无饭吃，无干净水喝，无衣物避寒遮体，无栖身之所，危害居民性命和身体健康 ②形成多个灾害"孤岛"，较长时间不能救援，失去紧急救援的"黄金72小时" ③支援灾区的部队（含警察、消防人员）、医务人员、抢险救灾人员、志愿者的人数严重不足 ④长时间中断支援灾区部队、医务人员、抢险救灾人员等的能源供应 ⑤众多无家可归者、有家难归者得不到及时安置，缺衣少食，无处栖身 ⑥医疗设施及其相关人员奇缺，因受灾且交通中断，城市医疗功能瘫痪
3. 灾时，确保城市必不可少的行政功能	①因灾，灾区公安系统治安功能大幅度减弱，治安状况恶化 ②交通信号灯因灾停电瘫痪，导致交通事故特别是恶性交通事故频发 ③灾时，城市政府行政部门功能严重受损，大幅度降低抗灾救灾的组织指挥功能 ④灾后，首都、省市区首府行政功能破坏，削弱组织指挥功能
4. 灾时，确保必不可少的城市情报通信功能	①由于电力中断，灾区的情报通信系统长期瘫痪、停用 ②停办邮政业务，大量重要邮件不能送达 ③电视、广播电台停播，情报网络瘫痪，灾害情报丧失速性，不能及时传递给受众 ④灾害谣言泛滥，严重干扰防灾减灾救灾
5. 灾后，保持经济活动功能	①灾区城市停止经济活动，严重影响民生，企业生产力大幅度下滑 ②停止供应维持城市社会经济活动必需的能源，难以开展社会经济活动 ③重要产业设施严重破坏，发生火灾、爆炸 ④海、陆、空运输瘫痪，严重影响内贸、外贸 ⑤灾区飞机场、火（汽）车车站、水路码头同时严重受灾，全面切断社会经济活动的大动脉 ⑥由于丧失金融服务功能，极大地影响金融业、商业营业 ⑦不能稳定供应食品等灾民生活必需品
6. 灾后，确保城市生命线系统满足生活、经济活动的最低需求，且能尽快恢复	①供电系统（发电、配电、输电设施）、煤气系统长时间瘫痪 ②供水排水系统长时间瘫痪 ③污水处理系统长时间瘫痪 ④灾区交通网络中断 ⑤饮用水供应中断 ⑥生命线系统恢复缓慢
7. 不允许发生不能控制的次生灾害	①市区发生重大火灾 ②山区城市发生重大地质灾害（山体崩塌、滑坡、泥石流、堰塞湖决堤等） ③有毒有害物资大量泄漏、扩散 ④沿街道的大量或高层建筑倒塌，造成人员伤亡且堵塞市区交通 ⑤海上、沿海地区发生广域复合灾害（地震、海啸、高潮等） ⑥湖泊、水库堤坝以及防灾设施等损坏或功能不全，发生次生灾害 ⑦因风灾对城市经济产生恶劣影响
8. 灾后创造快速恢复重建的条件	①大量灾害垃圾清理、销毁迟缓，影响恢复重建 ②人力资源与物力资源不足，大幅度降低恢复重建进程 ③灾后，政府有关部门功能缺失，社会治安恶化，恢复重建迟缓 ④处置场地液化、水淹地域、搬迁倒面需要时日，拖延恢复重建

从表3-1可以看出，评价目标的着眼点是在重大灾害的紧急救援、恢复重建阶段不能发生城市不能接受的恶性事件；确定评价目标的基本原则是"以人为本"，最大限度地保护居民人身安全与健康；重大灾害发生后，城市至少保持5项基本功能，即紧急救援与急救灾害医学功能、组织指挥功能、灾害情报功能、经济活动功能和城市生命线系统功能；不允许发生不能控制的次生灾害；城市有能力自力更生，重建家园。这些评价目标的

评价结果，可以判断一座城市承灾脆弱性的高低。

依据评价内容、评价目标逐项开展城市承灾脆弱性评价，并撰写评价报告。为城市编制防灾规划，制定防灾对策与措施等提供依据。评价内容、评价目标的承灾脆弱性越高，致灾波及范围越大，防灾力度应当越大。如果每一项承灾脆弱性都有相应的有效对策与措施，则城市具有防灾城市的品格。

第四章 灾害情报

4.1 情报与灾害情报

4.1.1 情报

情报从两个方面揭示其本质属性，即"情"是情况、信息，"报"是报道，传递。

情报尚无严格的定义表述。择其几种如下：

情报是政府、军队和企业为制定和执行政策而搜集、分析与处理的信息，情报是知识与信息的增值，是对事物本质、发展态势的评估与预测，是决策者制定计划、定下决心、采取行动的重要依据。

情报是特定时间、特定状态下，传递给特定的人的特定部分的有用知识。

关于情报，代表性的认识有：情报是有意发出的改变接收者知识结构的信息内容；情报是使人的知识结构发生改变的那部分知识；情报是能解决问题的社会信息；情报是作为交流传递对象的知识等。

4.1.2 灾害情报

灾害情报具有情报的基本属性，又与灾害紧密相关，从学科范围看，有可能发展成灾害情报学。

灾害情报是有关灾害的所有情报。可以划分为自然灾害情报、人为灾害情报以及传染病情报等大灾种灾害情报。构成大灾种的各个灾种都有各自的灾害情报，像地震灾害情报、地质灾害情报、洪涝灾害情报、海啸灾害情报、海洋灾害等。上述灾害情报又可划分为多种灾害情报，例如：地质灾害情报包括地震灾害情报，山体崩塌、泥石流、滑坡、堰塞湖灾害情报、地壳变动情报、火山灾害情报等。每个灾种的灾害情报，又包括灾前情报（灾害孕育情报，观测、监控情报，灾害运动、变化与影响范围情报，预报预警情报，灾害情报网络建设与应用情报，各类防灾情报等）、灾时情报（灾害发生的时间、地点、强度、人员伤亡和经济损失情报、生命线系统破坏情报、复合灾害情报等）、救灾情报（抗灾救灾指挥机构建立、恢复情报，抢救人员情报，搜索失踪者情报，避难场所开放与使用情报，人力资源调动情报，物力资源调拨情报、医疗设施与药品供需情报，紧急救援道路的灾害与疏通情报，疫情情报等）和恢复重建情报（生命线系统恢复进程情报，简易城市建设情报，灾区规划与建设情报，住宅建设与进展情报等）。

灾害情报是城市综合防灾的情报保障；准确、及时的灾害情报可以大幅度减少人员伤亡和经济损失。

有些灾害情报是虚假情报，可以造成虚假情报灾害。我国发生过多次地震谣言。例如：2000年7月21日《唐山劳动日报》载文报道了7月20日凌晨2至4时唐山地区发生地震谣言引起的市民恐慌。据该报记者凌晨3时30分前后在新华西道、建设路观察，"发现路边黑压压都是人，估计不下万人"，各居民小区、一些单位内的人更多；国信寻呼126、198台当日2时至3时的业务量从平时的200多次骤增至9414次，在谣言迅速传播的几个小时内，114查号台有5000余人次查询唐山地震局的电话号码。这次地震谣言使唐山市众多居民彻夜未眠，既影响了工作、学习，也扰乱了社会治安。

灾害情报的受众（情报传递的接收者）包括多种人群，但人数最多的是灾区的广大民众。规划建设城市综合防灾情报系统时，应采取多种情报传播途径（电视、收音机、手机、无线电通信网、情报网络、广播、宣传车等）为广大民众传递灾害情报。

图4-1是东日本地震发生后居民利用多种情报传播途径获取海啸警报和避难情报的人数百分比。无论是获取海啸警报，还是避难情报，人数百分比最高的都是政府部门的防灾无线通信网，获取海啸警报情报占50%以上，获取避难情报45%左右；其次，消防车宣传车或消防人员传递的情报（避难22%，海啸警报11%），收音机传递的情报（海啸警报17%，避难情报10%），家人、邻近传递的避难情报（13%）。其他各种情报传递途径也有不同程度的贡献。

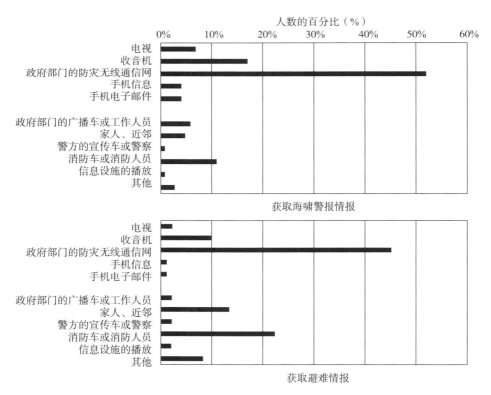

图4-1 获取海啸警报和避难情报的人数百分比

4.1.3 自然灾害情报及其内容概要

部分自然灾害情报及其内容概要如表4-1所示。

灾害情报名称	情报内容概要
气象灾害情报	气象预报：有可能降雨、发生雷电和龙卷风时，发布气象预报；气象警报：根据气象台暴雨、大风等的预报将要发生重大灾害，灾前发布气象警报；气象资料：气象台等记录的气象数据；气象灾害事例：历史上发生重大气象灾害时的气象情报；干旱情报：干旱地域、程度、水源状况与管理
地质灾害情报	地震预报：长期、中期、短期、临震预报，地震发生后震中、震级以及地震烈度及其分布速报；地震警报：利用地震灾害预警系统，正发生地震还没有对其周边区域造成破坏之前，给周边区域提供几秒到几十秒的预警时间；地震监控情报：地震灾害重点监控地域的断层及其变化，地质构造图，地震动监测情报；灾害情报系统情报：GIS系统、地质灾害预警系统、地震防灾信息系统等地质灾害情报；山体崩塌、滑坡、泥石流情报：利用地质灾害监测系统或现场勘察，发布地质灾害警戒情报与避难劝告、避难指示，撤销警戒情报；地壳变动情报：陆域的水平变动、上下变动，变动距离图，海域海底活断层情报等；火山喷发的预警、预报
洪涝灾害情报	防灾情报：监测的降雨量、河流水位、水坝安危情报等；水文水质数据库：降雨量、河流水位、水质、有关水文、水质的观测数据等；设定的洪水淹没地域：河流泛滥时，淹没的地域与水深；灾害地图：洪水、内涝、大潮、海啸等各种灾害地图；需转移、避难的地域
海洋灾害情报	海啸预警：依据海啸预警系统的预警情报，发布海啸产生的地点，可能袭击的地域、时间、强度；海啸避难场所：分布、避难道路、避难所高度、避难需要的时间；海啸灾害情报：死亡与失踪人数，建筑与设施破坏，海啸垃圾及其分布；港湾波浪情报：波高、波向、周期、潮位，海洋健康诊断情报；台风情报：形成地点，运动途径，风速，登陆时间与危害地域

显然，灾害情报的内容十分丰富。这不仅因为灾害情报种类繁多，还因为多种灾害情报的情报生长点密集，产生的机理深邃，涉及的地域宽阔，跨越的时域久长，监测系统与情报传播途径多样，各个城市的灾害情报各有所长等。

4.2 灾害情报的主要特征

4.2.1 灾害情报的灾害特征

灾害情报产生、传递、利用及其综合防灾效益如图 4-2 所示。

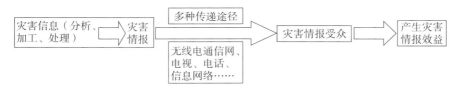

图 4-2 灾害情报传递过程图

情报传递的基本规律是：情报源→传递→受众接收利用→产生社会效益、经济效益、生态效益。

灾害情报遵循情报传递的基本规律，但情报源存储的、各种途径传递的、受众接收利用的是灾害情报。因此，灾害情报具有如下鲜明个性：灾害情报源荟萃各类灾害情报，形成并存储灾害情报，目的是为综合防灾减服务；信息网络蓬勃发展，网民数量剧增，通信设施大众化，为灾害情报的多途径传递与受众广泛接收利用灾害情报创造了良好条件。

建立国家、省市区、市县各级灾害情报数据库并通过信息网络共享是城市综合防灾的战略性措施；在情报源与受众之间创建多途径的灾害情报传递途径且确保灾时情报网络畅通是实现灾害情报共享的重要保障；对受众开展灾害情报基础知识、接收利用方法的教育，提高灾害情报意识与利用开发灾害情报的能力，对于有效发挥灾害情报的情报功能，产生更大的的综合防灾效益有重要意义。

4.2.2　灾害情报速发性——以地震灾害情报为例

情报速发性是灾害情报的重要属性，灾难的危急时刻，提高灾害情报速发性，对综合防灾有重要的理论与实用价值，是灾害情报的一个重要研究领域。我国情报速发性尤其是灾害情报速发性的研究起步较晚，河北省地震工程研究中心发表的学术论文"地震灾害情报的速发性"是有代表性的研究成果。

地震灾害情报速发性的速发动力来源于地震灾害情报需求的急迫性和地震灾害的突发性。

（1）临震预报的情报速发性

我国成功临震预报重大地震灾害的典型事例是海城地震。1975年4日10时30分辽宁省人民政府发布临震预报，当晚19点36分发生海城地震。发布临震预报的时间到地震发生只有9个小时。灾区人民利用这短暂的时间到室外避难，把贵重的设施、物品移至安全场所，大幅度减少人员伤亡和经济损失。可想而知，如果决策者把临震预报时间延后10小时，海城地震就不是临震预报的地震，而是突发性地震了。

地震灾害短期预报特别是临震预报必须有充分科学依据，如果误报将造成极其严重的后果。也就是说，地震临震预报情报速发的基础与保障是情报的准确性。唐山地震的前兆比较明显，在邻近唐山的地区分别发生了4.8级和6.3级地震两次破坏性地震，而且地震趋势会商会已经把包括唐山地区在内的北京东南至渤海湾一带列为1976年可能发生中强地震的全国重点危险区，但由于当时科学技术的局限性，地震前兆的错综复杂性及其分析研究时间的有限性等，在尚未做出地震预报的情况下，唐山大地震发生了，成为我国40年来死亡人数最多的重大地震灾害。

（2）突发性地震灾害的情报速发性

地震灾害突然发生后，灾害情报的需求异常急迫，必须快速掌握地震灾害早期的综合情报，快速作出抗震救灾的决策与措施。依据地震烈度同心圆理论（见图4-3）：地震等烈度线度数从大向小的分布是以震中为圆心的同心圆或同心椭圆，震中附近烈度最大，灾情最重，然后向四周递减，从重灾区逐步过渡到轻灾区、非灾区。地震之后，利用"国家地震烈度速报建设与预警工程系统"发布预警警报，并通过各种地震灾害情报途径，传递地震发生的时间、震中、震级以及地震烈度分布图。地震灾害预警警报发布后，情报受众只有数秒至数十秒的避难时间，情报速发性极为珍贵。地震烈度分布图的情报速发性，有助于快速初步判断重灾区、轻灾区、非灾区及其地域范围，为调集支援灾区的人力资源、物力资源提供科学依据，指明重点救灾的具体位置与方向。

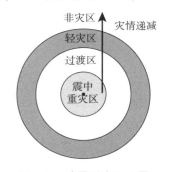

图4-3　地震烈度同心圆

地震灾害情报速发性的理论基础是灾害情报的实效性。地震灾害情报的速发性是"时间就是金钱"、"时间就是效益"和"时间就是性命"在自然灾害特定条件下情报生产、传递与利用的具体体现。

还应当指出,地震灾害情报速发性,都以现代高新技术为保障。特别是卫星通信技术、航天航空技术、信息网络技术等。

灾害情报迟发造成不良影响的实例不胜枚举。例如:1995年1月17日6时46分发生日本阪神地震,9时30分载有淡水的护卫舰起航驶往灾区,20时40分到达受灾地区的海域,由于情报障碍,当日未向灾民供水,次日供水1吨,19日15吨,20日通过无线电台发布该护卫舰可供淡水的消息后供水剧增到200吨。如果护卫舰或其所属单位与受灾地区的救灾机构建立通信网络,就能在紧急救灾阶段,即最缺淡水的时期把淡水供给灾民,不会延误至第四天才大量供应。从灾害情报学的角度看,情报速发具有十分鲜明的时效性,而情报迟发则可能大幅度降低甚至丧失时效性,造成不应有的损失。

(3)生命线系统震害情报速发的时效性

严重的地震灾害中,城市生命线系统往往遭受不同程度的破坏,破坏情报的早期速发,可以快速采取对应措施,做到该停的停,该通的通,该修的修,该换的换,该完善的完善,对于防止次生灾害的发生、最大限度地为灾民提供必备的生活条件和有效地进行交通管制等都有重要意义。

4.2.3 灾害情报传递途径的易损性

图4-2所示的灾害情报传递途径中,信息网络和其他以电为动力的通信设施,重大灾害特别是重大地震灾害发生时,容易发生故障甚至受损瘫痪,丧失灾害情报传递功能。灾后的紧急救援阶段正是灾害情报需求量大,充分发挥灾害情报功能时效性大的时期,灾害情报传递途径一旦停止运作,将对避难、救灾产生严重的不良影响。

据对东日本地震的统计(见图4-4),固定电话、手机等丧失通信功能的主要原因是停电(80%以上),其次是情报传递途径瘫痪(13%、12%)。灾时确保电力供应,电话网络等顺畅运行,对灾害情报畅通起重要作用。因此,平时应当采取有效措施,强化城市电力系统、大规模灾害情报网络的抗灾能力,避免出现大面积的长时间的停电;确保灾时灾害情报系统特别是抗灾救灾指挥机构的通信畅通;彻底实现交换设施间回路复数化、冗余化,且重要的通信系统与设施避开易被洪水淹没、海啸袭击的低洼地段等。

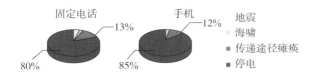

图4-4　固定电话、手机等丧失通信功能的主要原因分析图

唐山地震唐山市通信系统的部分职工伤亡,设在市区的有线与无线通信系统完全瘫痪。自动电话大楼、办公室与机房倒塌,机器设备被砸。还影响到北京、天津与东北的部分通信线路。发往北京报告灾情的第一封电报是震后2个多小时由唐山军用机场发出的。震后,主要的灾害情报传递途径是广播设施、半导体收音机等。在许多部门的支援下,逐

步恢复通信系统（见表4-2）。

支援单位	人员数	物资与数量
河北省邮电管理局	到8月1日270余人	100门、50门磁石交换机各3台、4台，电话机500部，被覆线100千米等
国家邮电部	到7月29日593人	通信车13部，急需的设备器材7卡车，包括50门、100门磁石交换机各2台，电话机500部，干电池1000个，市话电缆30多千米，被覆线50千米
辽宁省邮电管理局	7月28日300人	战备通信车1部和其他抢修器材
上海市邮电管理局	到8月1日76人	8部电台和其他抢修物资

注：据不完全统计，截止到1976年8月1日支援唐山恢复通信系统的人员789人，到8月15日达5500人。到8月1日支援的物资有有线、无线通信车14部，12路载波机1套，容量100门以内的各类磁石交换机53台，磁石电话机2000部，被覆线1000千米，塑料电缆80千米，通信用的大干电池2200多个，还有从北京待调的单路、3路、12路载波机46套，15瓦无线电发报机50部，100门以内的各种容量的磁石交换机30台，磁石电话机6000部。到8月15日，敷设野战电缆30千米，被覆线2200千米，开通单路载波机4套，12路载波机5套，开设电话总机128部，装电话单机1736部。

汶川地震时，灾区的移动通信基站的构成主要包括通信铁塔、天馈系统、通信机房、主设备和配套设施等。通信设备主要是分架式、台式、自立式。地震中，通信系统的破坏形态是通信铁塔、通信建筑、通信设备与光缆破坏；外部电力供应中断，基站通信功能丧失；山体落石、滑坡砸断光缆；建筑倒塌砸毁通信设施；基站由蓄电池等设备短路起火，引发次生灾害。

东日本地震受地震与海啸的共同影响，因通信大楼内的设备倒塌损坏、被水淹没与冲失、地下电缆与架空电缆以及管路等断裂、损坏，手机网络基地倒塌、流失，灾区内的通信设备遭受惨重的破坏。而且，商用电源长期瘫痪，蓄电池电能耗尽，停止通信服务（见图4-5）。

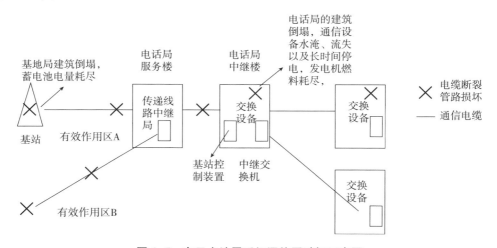

图4-5　东日本地震手机通信网破坏示意图

东日本地震受地震灾害影响的电话机台数如图4-6所示。从该图可以看出，在统计范围内，东日本地震发生后，灾区400多万户停电，凡以电为动力的灾害情报传递途径受到影响；地震发生后的前几天，3 个电话网络受影响的电话机 140 多万台，震后 1 周减少到 60 万台左右，震后 3 周还有五六万台。4 月 7 日发生一次较强的余震，影响约 5.8 万台。在这次地震灾害中，部分居民未能利用政府部门的防灾无线通信网主要原因是通信设施损坏和停电（没有电源）。

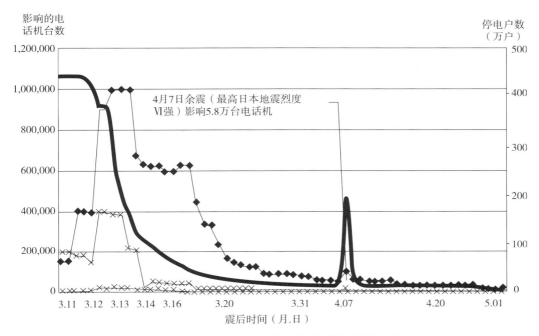

图 4-6　东日本地震受地震灾害影响的电话机台数

阪神地震中，日本关西地区，尤其是神户市的通信系统受到极大的损坏，包括 200 多千米的地下管路、2600 处人孔、335 千米的架空电缆与 3 处建筑物受损，发射塔停止使用。

4.2.4　灾害情报的动态性与静态性

从动、静的角度，可以把灾害情报划分为动态情报与静态情报。

所谓灾害动态情报，是随着时间推移，灾害的性质、强度、状态或空间位置不断发生变化的灾害情报。一次台风的观测情报属台风动态情报。观测过程中其性质、强度、状态可能有热带低压、热带风暴、强热带风暴、台风、强台风和超强台风等 6 个等级的变化；台风的运动路线与影响地域范围不断位移；登陆后的受灾地域、灾害程度也会随时变化，台风也逐步消失等。重大灾害后伤亡人数的统计，也随统计时间推移逐步增加，以最终统计数据为准。

从历史的角度综合分析灾害情报的总体内容，其实，其本身也是动态情报。例如：《中国历史强震目录》共收录公元前 23 世纪——公元 1911 年的 1034 次地震灾害及其灾情介绍。主要内容是地震灾害发生的时间，震中（有的有烈度分布图），伤亡人数，建筑与设施破坏，次生灾害，灾民的惨状，赈灾简况等。而近几十年的重大地震灾害（邢台地震、唐山地震、汶川地震等）的灾害情报总体内容，有了翻天覆地的变化。例如：震后快速建立各级抗震救灾组织机构，防灾减灾法律法规，城市防灾规划，震后紧急调动部队、医务人员、抢险救援队和紧急救援物资支援灾区，现代高新技术（卫星、航空、灾害情报系统和预警预报情报系统、生命探测技术、遥感、高清晰摄影等）情报，灾民心理创伤、康复与关联死情报等。可以说，从灾害情报的总体内容上看，这是时空跨越几十个世纪的动态情报，揭示出"新旧社会两重天"等基本哲理。

灾害动态情报的突出特点是有助于把灾后情报转换为灾前情报，不仅台风，地震短期、临震预报与警报，海啸警报，暴雨、暴雪天气预报，山体崩塌、落石、滑坡、泥石流监控情报等。对于减少人员伤亡与经济损失起重要作用。

灾害静态情报是随时间推移或在一定时间范围内不发生变化的灾害情报。像灾害的历史情报，在一定时域内的灾害法律法规，城市综合防灾规划、专著与研究报告，综合防灾减灾救灾的基础知识（手册、指南、教材等），已经建成的避难场所的防灾设施与避难道路，公安、消防、医院、福祉机构、紧急救援物资储备库等在城市的分布等。静态情报为城市综合防灾提供国家的法律法规情报，城市规划情报，城市灾害发展史情报，防灾地图与防灾设施情报，避难场所情报以及防灾教育情报等。

4.2.5 灾后情报向灾前情报转化特征

灾前情报、灾时情报和灾后情报的时序关系如图4-7所示。

同一座城市，一次重大灾害发生前与发生后的城市功能与社会经济状况往往有天壤之别。灾害发生前，能够正常发挥城市功能，各行各业有序运营，综合防灾减灾能力更强。但灾害发生后，一般会造成人员伤亡，建筑倒塌或严重破坏，城市功能减弱有的甚至瘫痪，随时有各种次生灾害威胁，还可能缺医少药，甚至没有基本生活保障。因此，城市灾前应对将要发生的灾害比灾后应对既成灾害，综合防灾能力强，人员伤亡与经济损失少。

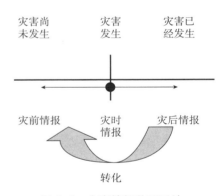

图4-7　灾害情报关系系统

城市综合防灾的实践表明，在灾害前兆明显或有灾害情报系统监控、监视下，有可能实现灾后灾害情报向灾前转移的可能。例如：地震灾害临震预报，地震灾害与海啸警报，台风、暴雨、暴雪预报、预警等。此外，灾害情报还有历史性、周期性、共享性等特征。

4.3　灾害情报的综合防灾功能

4.3.1　灾害情报功能的综合分析

灾害情报的重要功能可以归纳为：保护居民的生命安全，指导合理抗灾救灾（确保居民人身安全与健康，遏止次生灾害），提供灾时居民安否情报和为恢复城市社会功能提供灾害情报（见表4-3）。

灾害情报的主要功能	平时（备灾）	时序与确保实现功能的措施 预报、警报期与灾害发生　黄金72小时
保护居民生命安全（遭受直接灾害：地震、海啸、火灾、滑坡泥石流等与次生灾害：生命线系统破坏或瘫痪等）	·制定有效的防灾减灾对策 ·关注灾害预警、预报情报	·发出灾害预警预报情报后，听从避难劝告与避难指示，及时到避难场所避难，充分利用避难场所的防灾设施，确保人身安全与健康 ·尽快掌握受灾状况情报与救援情报，救助灾民特别是扒救地震废墟下被埋压人员，快速恢复生命线系统
指导抗灾救灾（创造基本生活条件、医疗条件、防疫条件，确保灾时居民有饭吃，有干净水喝，有御寒衣物，有栖身之所，伤病者得到及时有效医治，大灾无大疫）	·建立各级抗灾救灾组织机构 ·组成抗灾救灾队伍 ·储备灾时必备的救灾物资 ·建立城市灾害情报系统	·居民自救、互救 ·恢复、健全各级抗灾救灾组织机构，依据灾害情报，组织、指挥抗灾救灾队伍（部队、医务人员等）开展公救，开启避难和防灾设施，调拨、运送紧急救灾物力资源到灾区特别是重灾区（例如：地震中心附近） ·掌握重伤员情报，就地或送往外地治疗 ·快速恢复各类情报传递途径，特别是电视、电话、广播等，确保居民掌握更多灾害情报
恢复社会功能（行政功能、社会基础功能和经济活动功能）	·充分发挥社会功能	·恢复、健全行政机构，履行抗灾救灾职责，依据灾时的社会治安秩序状况，组织民兵卫护城市重要目标，公安、消防、医院、福祉机构等各行其责，商店营业，大众媒体恢复运营
提供居民安否情报（这是灾时居民非常关心的问题）	·商定灾时家人、亲朋好友与单位之间的联系方法	·重大灾害发生后，询问家人、亲朋好友与单位安危的情报数量大，时间集中，情报需求急迫 ·通过电话、手机、告示和各种情报网络与家人、亲朋好友与单位联系，获取安否情报

保护居民的人身安全，指导合理抗灾救灾是最基本的灾害情报功能。这和灾害情报的收集、传递、利用的根本目的相吻合，也符合"以人为本"、"民生第一"等综合防灾基本原则。

灾时的居民安否情报也与上述目的与原则密切相关。灾时居民普遍关心家人、亲朋好友的安危以及相关单位的灾情。灾时电话系统堵塞的一个重要原因是集中性地出现大量询问安否的情报。

城市功能是城市在一定区域范围内的行政、经济、文化、社会活动等的能力与作用，由经济功能、行政功能、文化功能、生态功能等多种功能组成。重大灾害发生时，城市功能遭受不同程度的破坏，削弱城市功能。而城市功能的恢复与发展，对于提升城市综合防灾能力起重要作用。根据灾害情报建设简易城市，灾后适时恢复行政、生产、经济、文化等功能，有助于提速城市的恢复与建设。从表4-3还可以看出，平时备灾有助于预报、预警期和灾害发生后灾害情报功能的发挥。特别是利用现代高新技术建设城市灾害情报系统、预报预警系统，强化灾害情报系统的防灾能力，是发挥灾害情报功能的基本保障。

4.3.2　灾后情报转移为灾前情报的防灾效果

和突发性地震灾害相比，临震预报是把灾后的灾害情报转移到灾前，可以取得明显的防灾效果。海城地震大幅度减少了人员伤亡与经济损失。比较海城地震与唐山地震的人员伤亡与经济损失，可以看出海城地震要小得多（见表4-4）。

地震名称	人员伤亡（人）		直接经济损失（亿元）
	亡	伤	
海城地震	2041	27538	8.1
唐山地震	242469	175797	>30

从表 4-4 不难看出，有临震预报的海城地震死亡的人数只是唐山地震的 0.85%，受伤人数的 15.7%。直接经济损失唐山地震则是海城地震的 3.7 倍多。据推测，如果没有临震预报，海城地震可能伤亡 15 万余人。还应当指出，海城地震伤亡者中老、弱、病、残和不听从避难劝告的人比较多，显示出听从避难劝告对于减少人员伤亡有重要意义。

海啸预警预报也是把灾后灾害情报转换为灾前情报。听从海啸预警预报及时到海啸避难场所或高楼楼顶避难可以有效减少人员伤亡。2004 年印尼地震伴生海啸，由于没有海啸预报预警，造成约 30 万人死亡，2011 年东日本地震后发布海啸预报 50 多分钟，凡到海啸避难场所或高楼楼顶避难者大多幸存（见图 4-8）。而不听从预警者或避难行动迟缓者则大多死亡。海啸来势凶猛，极快成灾，在几十分钟的时间内，可以吞没大量建筑，造成惨重的人员死亡。海啸警报发布后，如果有人"富家难舍"、"穷家难离"，或犹豫不决、半信半疑，迟迟不采取避难行动，最终极可能是家破人亡，人财两空。

海啸袭击的场景

在高楼楼顶避难

图 4-8   海啸袭击及其惨重后果

海啸过后未到安全场所避难者尸横遍野

图 4-8　海啸袭击及其惨重后果（续）

地震灾害预警系统在地震发生前几秒至几十秒给居民发出逃离室内到室外避难的灾害情报，灾害发生时已处于安全位置。

近些年，美国发生多次飓风灾害，位于灾区的居民，有些人驾车远程避难，避开飓风袭击地域，飓风过后，再返回家乡。

依据滑坡、泥石流观测系统的监测结果，判断灾害即将发生，发出避难警报后，必须立即撤离受到灾害威胁的居民。

上述各灾害的灾后情报转移为灾前情报，都能给灾区居民和有关部门，提供或长或短的防灾减灾救灾准备时间，创造灾害发生前避难的机会与可能，即可减少人员伤亡，又可降低经济损失。

4.3.3　灾害情报是合理配置救灾资源的情报保障

重大灾害发生后，灾区及其以外的地域，因有无灾情和灾情轻重，划分为重灾区、轻灾区和非灾区（如图 4-3 所示）。重灾区是合理配置救灾资源（人力资源、物力资源）的重点地域，其次是从重灾区向轻灾区过渡的过渡区以及轻灾区，非灾区应支援灾区，不配置救灾资源。上述区域的划分依据是灾害情报，即灾害程度（人员伤亡、建筑与生命线系统的破坏程度、次生灾害等）、地域分布、灾区救灾资源的储备与调拨能力等。但灾时，由于灾害情报传递途径破坏或瘫痪，城市的部分地域有可能成为"灾害情报空白区"或"灾害情报孤岛"——外部情报传不进、内部情报传不出的地域，严重影响救灾资源配置的科学决策。

灾害情报有助于准确确定救灾资源配置方向、数量、品种与时间。建立健全城市灾害情报系统并适度提高抗灾能力，形成灾时灾害情报的收集与反馈体制，是消除"灾害情报空白区"、"灾害情报孤岛"的有效手段。

有的灾害依据灾害情报可以初步判断重灾区。例如：利用"国家地震烈度速报与预警工程系统"震后快速绘制出地震烈度分布图，把震中附近的高烈度区作为地震灾害重灾区（地震烈度同心圆原理）；依据天气预报提供的台风灾害情报，初步判断强台风、超强台风的中心经过的路径地域为台风重灾区；城市被洪水淹没特别是深水淹没的地域是洪水灾害的重灾区；滑坡、泥石流的土砂运动体及其经过的地域为其重灾区等。然后，再进一步获取灾害情报，比较清晰的判断出重灾区、过渡区、轻灾区和非灾区，为合理配置救灾资源提供情报依据。

地震灾害情报的震后救灾决策功能如图 4-9 所示。

震后利用各种地震灾害情报手段获取灾区的灾害情报，掌握灾区的分布情况，了解各类灾区（重、过渡、轻）的救灾资源需求；抗震救灾指挥机构依据上述灾害情报制定救灾方案，配置人力资源与物力资源；根据救灾资源配置力度，收集灾区满足需求的程度（供大于需、供小于需），进一步调整供给方案，直至达到供需基本平衡。灾区的灾害情报越准确，越充分，越及时，越容易实现合理配置状态。

地震灾害情报的震后救灾决策功能图，显现出灾害情报对抗灾救灾指挥机构决策合理配置救灾资源重要导向（不同类型的灾区，重点是重灾区）作用与量化（部队、医务人员、抢险救灾工程技术人员的人数以及各类救灾物资的品种与数量）功能。

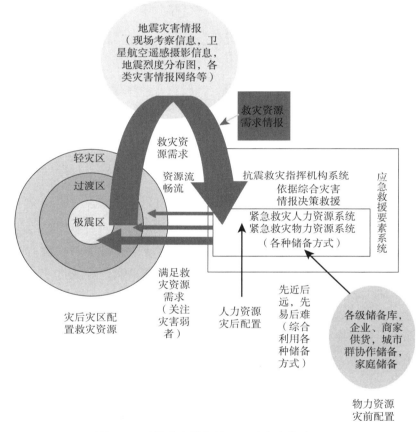

图 4-9　地震灾害情报的震后救灾决策功能图

4.3.4　历史灾害情报的功能

无论是一个国家还是一个地区、一座城市，都有历史灾害情报的积累。这是城市综合防灾减灾救灾的宝贵情报资源。

我国有文字记载的最早的地震灾害是公元前 2222 年山西永济蒲州地震，至今已经4238 年。纵观我国的地震灾害史，地震灾害特别是重大地震灾害次数多，人员伤亡惨重，次生灾害频发，积累的地震灾情情报与救灾情报丰富。利用历史地震灾害情报研究我国各次地震灾害的震中地址分布，清晰地揭示出多条地震断裂带（见图2-3所示）。无论是过去、现在还是将来，地震断裂带上发生地震灾害的可能性比较大。像唐山地震发生在唐山断裂带，汶川地震发生在龙门山断裂带，海城地震、郯城地震、渤海地震都发生在郯庐断裂带。位于地震断裂带及其附近的城市在制定城市综合防灾规划、避难场所规划、救灾资源规划时，应当把地震灾害作为重要灾种。

一座城市已经发生过的重大灾害一般有历史重复性。特别是台风、暴雨、暴雪以及地震断裂带上发生地震灾害等自然灾害的重复性更强。因此，汇集城市多种历史灾害情报，对科学确定城市今后可能发生的灾害种类，分析灾害程度轻重，获取灾害的发生周期、季节，揭示城市灾害的规律，制定城市综合防灾规划等有重要参考价值。

4.4　灾害情报系统及其示例

4.4.1　地理信息系统（GIS）

地理信息系统是把地图信息存储于计算机，制成电子地图，通过计算机可以迅速查询到目标。GIS广泛应用于城市用地规划、交通规划、自然资源保护、灾害监测和预防等领域。目前，GIS已经全面应用于国民经济的各个部门，融汇于城市居民生活中，深刻影响获取信息的能力和方式。

GIS在综合防灾减灾中的应用如图4-10所示。

GIS以城市灾害数据库、防灾情报数据库和城市地图为依托，在城市地图上综合显示各种防灾功能。利用GIS的各个灾害情报系统，应用于灾前、灾时、灾后紧急救援和恢复重建。例如：灾前设定受灾情况，制定城市防灾规划；灾时，确定灾害发生的时间、地点、灾害程度与影响范围；灾后，利用灾害早期评价系统、紧急救灾支援系统获取人员伤亡，建筑破坏，灾害分布，紧急救灾，医治伤病员，避难行动与避难生活，疏通交通，招募志愿者，恢复生命线系统以及制定并科学管理各种恢复重建规划等情报。

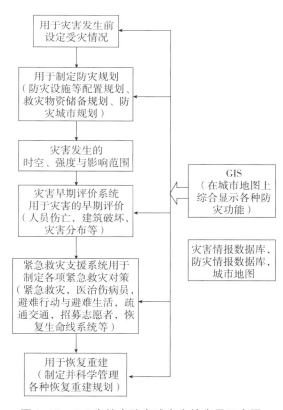

图4-10　GIS在综合防灾减灾中的应用示意图

东日本地震救援过程中，采用了一些现代科学技术，形成了地理空间情报系统（WMS、WFS、KML等），并以此为情报与技术基础为灾害救援提供服务（见图4-11）。

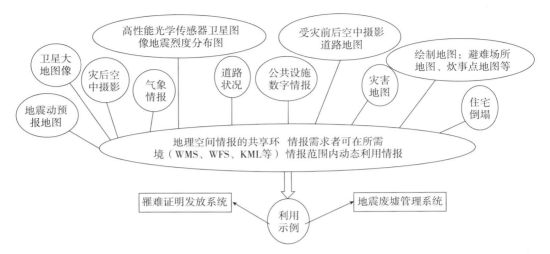

图 4-11　地理空间情报系统及其构成示例图

地理空间情报系统可以与多个情报分系统、数据库链接。例如：地震监测与预报系统、GIS 系统、企业情报系统、国土数字情报系统、气象情报系统、防灾科研系统、卫星通信与航空通信系统、电信电话情报系统、地图（灾害地图、房屋倒塌地图、道路地图、避难场所地图等）情报系统以及地理情报数据库等。在灾前情报的基础上，补充灾后的灾害实况情报，为灾后决策救援提供依据。

情报用户利用地理空间情报系统动态搜索所需的情报。抗灾救灾指挥机构通过地理空间情报系统可以比较全面地掌握灾区灾情及其分布，有针对性地决策救援资源的合理配置；研制灾时服务系统，如图中的地震废墟管理系统、罹难证明发放系统等；为城镇生命线系统恢复与住宅应急修理提供依据；地理空间情报系统也是居民与家人、亲朋相互问候的重要情报平台；决策重伤员的医治与外运等。

图 4-11 表明，灾害情报对灾害救援特别是紧急救援具有重要实用意义。灾害情报的学科、来源的广泛性与层次性，科学技术的多样性与先进性，情报实用的多元性、针对性、融合性与交叉性、速发性等基本特征，为灾害情报科学应用于紧急救援奠定科学技术基础。

4.4.2　"云防灾软件"系统

"云防灾软件"系统是东日本地震后研制的综合防灾情报系统（如图 4-12 所示）。

在灾后紧急救援阶段，"云防灾软件"系统具有诸多基本功能。①依据气象情报系统，自动发布避难劝告与避难指示；②搜集、汇集灾情，把主要灾害情报绘制在地图上，推断主要设施的受灾状况，并发布灾害概况速报；③用于人命救援，利用地理空间情报检索，确定发生地震次生灾害（被水淹没等）可能性大的避难场所，掌握救援情况及其变化，生成救援申请并利用 E-mail 等发布通知；④掌握避难场所的设置状况、避难人数、食品以及医药品等物资资源的管理；⑤道路的规章制度与启用，通过地理空间情报系统确定需要调查的重要道路区间，道路启用与道路规章制度管理情况等。

"云防灾软件"由灾害风险情报的高度化、防灾软件的共享共用和灾害风险情报的利

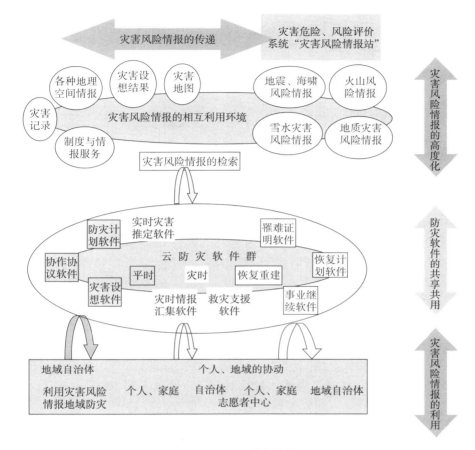

图4-12 云防灾软件

用3部分组成。所谓灾害风险情报的高度化是创建灾害危险、风险评价系统，由地震与海啸风险情报、火山风险情报、雪水风险情报和地质灾害风险情报等数据库构成"灾害风险情报站"，并与各种地理空间情报、灾害记录等情报系统形成灾害风险情报相互利用环境，供情报需求者检索利用。云防灾软件群可共享共用灾害风险情报，而且可供平时、灾时和恢复重建期间利用，具有共用时域长的特点。关于灾害风险情报的利用强调官民协动，既为地域自治体也为个人和家庭提供灾害风险情报服务，而且对志愿者中心（城市志愿者民间组织）获取灾区志愿者需求提供情报支撑。

4.4.3 地震预警情报系统

该系统是震源正发生地震还没有对其周边区域造成破坏之前，利用地震p波传递速度比S波快，电波比地震波快得多的原理，给周边区域提供几秒到几十秒的地震发生预警时间。

地震预警的原理如图4-13所示。震源一旦发生地震即以S波、P波向周边地域传递能量。P波传递的速度快（约7m/s），破坏力小；S波传递的速度慢（约4m/s），破坏力大。

距离震源最近的地震仪首先监测到P波，并自动传递给监控机构，随即利用传递速度

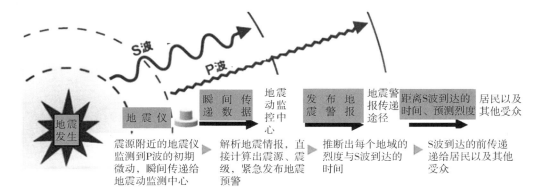

图 4-13　地震警报系统示意图

远大于地震波的信息网络速报给警报用户，在破坏力大的 S 波到来之前，向安全场所逃生。

研究表明，依据地震预警提前避难可大幅度减少人伤亡。如果预警时间 3 秒，可使人员伤亡减少 14%；如果 10 秒，人员伤亡减少 39%；如果预警时间 20 秒，可使人员伤亡减少 63%。

目前，只有中国、日本、墨西哥等少数国家和地区建有规模较大的地震预警系统。而且，2014 年我国正式启用《成都市地震预警系统监测台站建设规范》。

我国已建成世界上规模最大的地震灾害预警系统。该网设 5010 个地震预警台站，基本覆盖 25 个省、市、区，覆盖区内的居民约 6.5 亿，地域面积 200 万平方千米，占我国地震预警一线区面积的 80%。在预警网覆盖区域，民众只安装地震预警软件，就能免费享受地震预警服务。学校等人员密集场所、重大工程等可以安装专用接收终端接收预警信息。该地震预警系统由成都高新减灾研究所等单位开发，已经成功预警景谷地震、芦山地震、鲁甸地震等多次地震。

4.4.4　灾害情报—灾情—决策情报系统模型

为获取灾区真实的灾害情报，必须高度重视各级抗灾救灾信息网络建设，并与国家地震烈度速报与预警工程网络、卫星与航空情报网络，城市抗灾救灾情报网络，街道（乡镇）、居民委员会、避难场所抗灾救灾情报网络以及新闻媒体信息网络连接（如图 4-14 所示）。

重大灾害发生后，各级抗灾救灾指挥机构利用多种信息途径收集、汇集、分析灾情及其分布信息，并以此决策应急救灾资源的合理配置。力求应急救灾资源的配置符合需求与满足需求模型。

地震灾害后，从地震局公布的地震级别、震源位置及其深度以及绘制的预计地震烈度图，初步估计地震震中发生在城市、平原、山区还是海上；地震发生在人口稠密区、稀少区还是无人区；极震区的地理位置和震中烈度；灾情的严重程度及其地域分布等。

利用卫星、航空侦查到的灾情信息，判断灾情及其分布状况，掌握重灾区范围、灾区与非灾区的大致界限，明确救灾范围与重点救灾地域。

街道（乡镇）、居委会、避难所情报网络是极为重要的抗灾救灾情报源与接收终端。灾后各抗灾救灾组织尽快将人员伤亡、房屋破坏、扒救状况、社会治安情况等灾害情报，

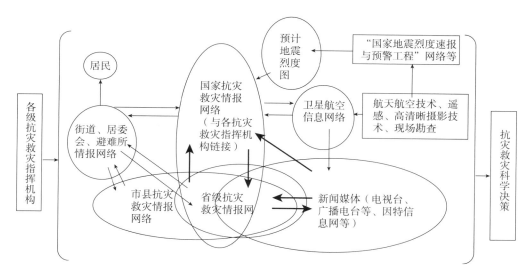

图 4-14　抗灾救灾情报网络及其构成图

利用无线通信报告区县抗灾救灾指挥部，为抗灾救灾指挥机构科学决策提供情报依据。

4.4.5　实时地震防灾系统

实时地震防灾系统及其救灾决策的过程如图 4-15 所示。该系统由高密度强震仪网络、地震受灾推断系统和受灾情报收集、集约系统三部分组成，其以这 3 部分为核心，并综合利用震前已经掌握的地震观测记录、地质构造调查、地理信息以及由监视摄像机、图像系统和防灾情报系统等获得的地震灾害情报等。

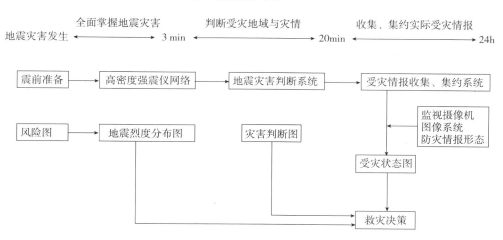

图 4-15　实时地震防灾系统示意图

在观测中心的屏幕上清晰地显示出地震烈度分布图、受灾推断图、受灾情况图和风险图，为救灾行动方针和实施具体措施的决策提供科学依据。决策的内容包括确定受灾调查地点、准备开设避难场所、确定支援配备体制、计划输送紧急物资、向有关部门申请援助、组成临时救护所和医疗队、开通道路等，基本上是紧急救助阶段必须开展的工作，该系统在抗震救灾最关键的时期起着综合地震灾害情报的早期速发挥作用。实时地震防灾系统还与因特网联网，为研究机构和市民提供地震防灾信息。

4.4.6 海啸预警系统

典型的海啸预警系统主要由陆地预警指挥中心，无线电、卫星通信系统和布置在海洋深处的海啸监测系统3部分组成（如图4-16所示）。能够高速、实时的监测海啸，并实现监测、通信、预警、服务自动化。

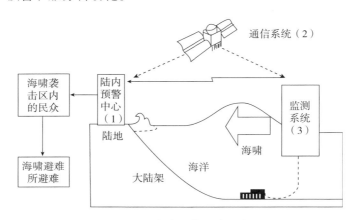

图4-16　海啸预警系统示意图

目前，许多国家设有海啸预警中心。海啸的预警系统包括海啸监测系统和实时的数字模拟分析系统，同时能够实现相关海岸的海啸数值模拟分析。预警中心的主要作用是监测可能引发海啸的地震，如果地震发生的区域和地震震级符合判断海啸发生准则，就会对相关的地区发布临近海啸灾害预警报；如果布设在海洋的海啸观测仪器也同时观测到海啸，则警报会发布到整个地区。

4.4.7 广域急救灾害医学情报系统

建立广域急救灾害医学情报系统的目的是灾时掌握灾区的医疗机构破坏状况与尚存的医疗能力；分析、确定支援灾区的医务人员数量与灾区医疗设施、药品的基本需求；准确收集、提供医疗、救护的各种情报，指导灾区救急医疗；全国尤其是灾区周边城市医疗机构的分布、医务人员资源、医疗设施与药品仓库与商店，作为合理制定调动、调拨预案的依据；与其他灾害救急医疗情报系统链接，实现情报共享。

该系统收集全国各地情报系统提供的全国共享的急救灾害医学情报；确保各医疗机构能够快速收集灾害医疗情报；利用灾害情报，保障灾时患者转移、运输等医疗体制；无论平时还是灾时，都是检索灾害医疗情报的重要窗口；为相关机构提供灾时最新的医疗资源情报；快速集约、提供医疗紧急情报；集约、提供医疗机构向灾害派遣医务人员的情况。

灾害情报在灾区、非灾区之间的相互传递有重要意义。通常，重大灾害发生后，灾区特别是重灾区是需要医疗支援的重点地域；而非灾区则是提供医疗支援的主要地域。因此，在灾区与非灾区的各种相关机构之间建立畅通的灾害情报联系，为向灾区派遣医务人员与调拨医疗设施与药品，重伤员向非灾区转移有重要意义。

第五章　防灾城市

5.1　防灾城市

所谓防灾城市是有适度的灾害设防水准，遭遇灾害设防水准下的重大灾害时，"有灾无害"；若重大灾害超过城市的设防水准，也将明显减轻灾情，"大灾小害"。由于防灾城市"有灾无害"或者"大灾小害"，可以构筑安全的城市发展环境、生活环境、生态环境、文化教育环境。就居住环境而言，安居乐业，环境宜人，交通便利，景观优美，文化底蕴丰厚。

防灾城市是城市综合防灾的新思维、新理念与城市防灾的追求目标，是防灾能力强的一类城市。不同的城市，可能有不同的灾害设防水准，达到近于相同的灾害设防水准的时间也未必相同。所谓灾害设防水准的适度是发展的、相对的概念。

应对建设防灾城市的实际需求，依据防灾城市规划规定的基本方针和措施，建设防灾能力强的建筑、设施、空间与环境，减少、减轻重大灾害；开展综合防灾教育，提高居民的防灾意识、能力和协作防灾精神；确保灾后紧急救援阶段，居民有基本生活条件、医疗条件和防疫条件。城市政府、企事业单位和市民通力协作联动，适量储备防灾资源，即使发生重大灾害，城市也有快速恢复、顺利重建的能力，尽早转入正常的城市生活，缩短受灾时间。

防灾城市是城市防灾学开创性的重要研究内容。

5.2　建设防灾城市的基本方针

建设防灾城市的基本方针如图 5-1 所示。

5.2.1　设定风险高的灾害及其地域分布，并优先、重点采取防灾对策

防灾城市是预防重大灾害发生或减轻重大灾害灾情的城市。因此，设定城市灾害风险高的灾害种类、规模或程度、发生地域、持续时间是建设防灾城市的核心性课题。

防灾城市规划设定的高风险灾害主要有地震、火灾、海啸、地质灾害（山崩、滑坡、泥石流、场地液化）、台风、洪涝灾害、雪灾等。地震主震、台风、雪灾是主生灾害，火灾、地质灾害、海啸、洪涝灾害可能是主生灾害，也可能是次生灾害。火灾还可能是自然灾害（雷电、火山喷发、自燃引发的火灾）。

制定防灾城市规划时，宜进行城市灾害风险评估、城市承灾脆弱性评估，并以评价成果作为制定规划的重要依据。

我国城市自然灾害风险评价积累了一定的经验，提出了一些评价模型与方法。例如：黄崇福等的"城市自然灾害风险评价的一级模型"、"城市自然灾害风险评价的二级模型"和"城市地震灾害风险评价的数学模型"、颜峻等的"自然灾害风险评估指标体系及方法

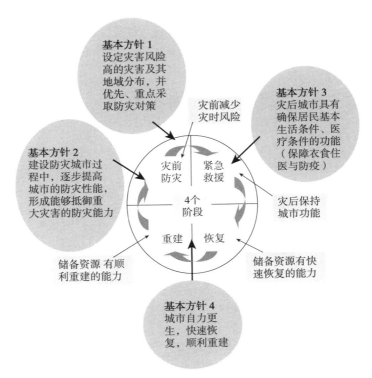

图 5-1　建设防灾城市的基本方针

研究"，王志涛等的"城市地震灾害风险区划的研究"，殷杰等的"上海市灾害综合风险定量评估研究"，刘毅等的"自然灾害风险评估与分级方法论探研"等研究成果对于城市自然灾害风险评价有参考价值。我国城市承灾脆弱性评价研究刚刚起步。

设定的灾害应当是复合灾害。地震复合灾害的示意图如图 5-2、图 5-3 所示。

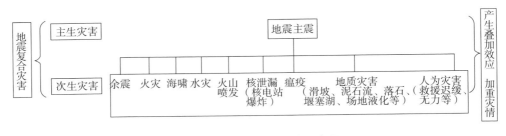

图 5-2　地震复合灾害的示意图

地震复合灾害的灾害种类和复合程度是通过多次地震灾害实证研究得出的地震灾害的重要规律。其灾害构成比较复杂，可以是 1 种主生灾害与多种次生灾害复合，也可以是几种主生灾害与若干次生灾害复合。唐山地震、汶川地震的主生灾害是主震与降雨，还有余震、地质灾害等次生灾害。

由于复合灾害具有各组成灾害的叠加性并产生叠加效应，综合灾情大于甚至远大于主生灾害。这种示例不胜枚举。东日本地震的遇难者主震约占 10%，海啸约占 90%；日本关东地震房屋的损失，主要原因是连烧 3 天的大火；我国华县地震"压、溺、饥、疫、

地震主震

火灾

泥石流

滑坡

场地液化建筑翻倒

海地地震爆发霍乱

水灾（决堤）

核电站爆炸（核辐射）
次生灾害

火山喷发

图 5-3　地震灾害的复合灾害示意图

焚"死亡83万人，大多死于次生灾害。因此，制定城市防灾规划时，灾害的种类与灾情必须以复合灾害为依据，否则规划的城市防灾能力可能远不能满足灾时的实际需求。

　　还应当指出，在复合灾害中，有的可能扩大灾情或影响及时避难，应当高度重视。例如：火灾，具有燃烧的蔓延性，有可能形成火灾蔓延建筑群——重大地震灾害引发次生火灾且消防设施短缺，任何一座建筑发生火灾，由于建筑材料易燃或大规模易燃建筑连成一片，火灾蔓延可能波及的建筑群体的地域范围，因此规划城市防火措施时，既要考虑建筑的耐火性、阻燃性，又要采取隔火、止火措施——栽植防火森林带、绿地，设置隔火街道、水流、湖泊，并且配备适量的消防人员和消防设施。又如，建筑倒塌，产生大量建筑垃圾，堵塞避难道路，致使距离居民住宅500m的范围内没有避难所或开放空间，影响居民正常避难。

山地城市发生重大地震灾害时，易发生山体崩塌、泥石流和滑坡次生灾害（见图5-4），造成人员伤亡，摧毁建筑，阻断交通，产生多种灾害叠加，扩大灾情。

山体崩塌　　　　　　　　　泥石流　　　　　　　　　滑坡

图 5-4　山区城市重大地震灾害的主要次生灾害示意图

风险高的灾害及其地域分布应当优先、重点采取防灾对策。因此，设定风险高的灾害及其地域分布必须有科学依据。例如：地震灾害，国务院颁布的《地震安全性评价管理条例》，一些省发布的《××省地震安全性评价管理条例》或《××省地震安全性评价管理办法》等是城市地震安全性评价的法律法规依据。

5.2.2　"三救"一体化

充分发挥城市居民、社区和政府部门的紧急救援功能是防灾城市防灾对策不可或缺的内容——规划建设"三救"一体化的防灾城市（如图5-5所示）。

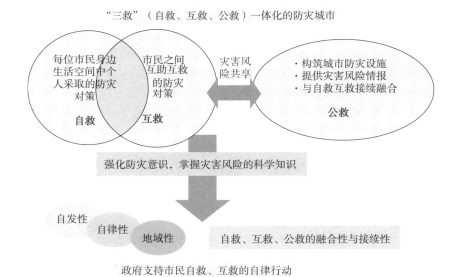

图 5-5　"三救"一体化防灾城市示意图

紧急救援阶段的自救、互救、公救依序接续、融合、共存，互相影响与配合，产生紧急救援的综合效果。

规划建设"三救"一体化的防灾城市，体现"以人为本"、"人定胜天"、"众志成城"的综合防灾基本原则。

5.2.3 减少人员伤亡

这是制定防灾对策的基本出发点。

重大自然灾害往往造成一定的人员伤亡。

1891年浓尾地震至今，日本死亡（含失踪）1000人以上的自然灾害如表5-1所示。

日本死亡1000人以上的自然灾害

表5-1

时间 （年）	灾害名称	死亡人数 （人）	时间 （年）	灾害名称	死亡人数 （人）	时间 （年）	灾害名称	死亡人数 （人）
1891	浓尾地震	7273	1896	明治三陆地震海啸	约22000	1923	关东地震	约105000
1927	北丹地震	2925	1933	昭和三陆地震海啸	3064	1943	鸟取地震	1083
1944	东南海地震	1251	1945	三河地震	2306	1945	枕崎台风	3756
1946	南海地震	1443	1947	卡思琳台风	1930	1948	福井地震	3769
1953	梅雨前线暴雨	1013	1953	南纪暴雨	1124	1954	洞爷丸台风	1761
1958	狩野川台风	1269	1959	伊势湾台风	5098	1995	阪神地震	6437
2011	东日本地震	21839						

注：此外，雪灾、海啸和火山喷发也造成部分人员死亡。

我国的地震灾害也造成惨重的人员死亡。例如：1556年华县地震死亡80余万人，1303年山西洪洞地震、1920年宁夏海源地震、1976年河北唐山地震都造成20余万人死亡。

人员死亡较多的灾害主要是重大地震灾害，其次是重大水灾、台风、海啸和雪灾等。重大地震灾害产生大量重伤员。例如：唐山地震重伤175797人，其中唐山市81630人。

减少人员伤亡的基本对策贯穿于灾害预防、紧急救援和恢复重建的各个阶段。其中灾害预防和紧急救援是减少人员伤亡的关键性阶段。但海地地震震后1年左右发生霍乱，患者50余万人，死亡7000余人，而且地震4年后再次爆发霍乱。

减少灾害的人员伤亡首要的是提高建筑的防灾性能和合理选择场地。采取建筑抗震设防、耐火、抗风设计等措施，即使发生重大灾害，建筑不倒塌、无火灾；建筑室内的家具、电器固定，重大地震灾害发生时不翻倒、不移动；不在地质灾害（特别是山体崩塌、滑坡、泥石流、场地液化等）及其波及处、城市低洼易涝和大潮海啸袭击（特别是滨江河湖海）处建造住宅等建筑，均可大幅度减少灾时的人员伤亡。

在重大灾害的紧急救援阶段，往往极短的时间内集中性地产生数以万计、十万计的伤员和更多无家可归者、有家难归者。

重大地震灾害导致建筑倒塌，埋压灾民，必须通过自救、互救、公救紧急扒救，扒救出的时间越短，生存率越高；伤员尤其是濒危伤员、危重伤员必须实施急救灾害医学抢救，否则可能威胁性命。

灾后必须确保无家可归者、有家难归者灾民有饭吃，有干净水喝，有栖身之所，有衣物遮体御寒，病者得医，能获得灾害情报，且灾区不发生瘟疫。

还应当指出，在紧急救援甚至恢复重建阶段，次生灾害依然能够造成比较惨重的人员伤亡。海城地震次生火灾死亡的人数超过地震主震；日本阪神地震、东日本地震数以千计的人死于孤独死等。减少次生灾害，对老年人实施心理康复等也是减少人员伤亡的重要措施。

5.2.4 逐步提高城市的防灾性能

从目前的城市发展到防灾城市，需要较长时间的建设过程（见图5-6）。

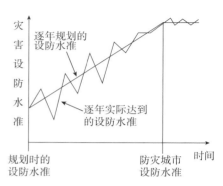

图5-6描述灾害设防水准（逐年规划的与逐年实际达到的）随时间推移的变化，从城市规划设防之日，就朝着防灾城市设防水准发展。逐年规划的灾害设防水准是一条直线，而逐年实际达到的灾害设防水准受管理、灾害、防灾资源投入、管理失误等因素的影响而呈波浪状发展。规划初期因为灾害设防水准比较低，城市对灾害特别是重大灾害的干扰比较敏感，而建成防灾城市后，灾害设防水准比

图5-6　灾害设防水准随时间变化图

较高，对灾害甚至重大灾害的敏感性明显降低，即城市的防灾能力逐年提高，最终达到"有灾无害"或"大灾小害"的防灾能力，产生明显的社会效益、经济效益、生态效益。

建设防灾城市需要较长时间，并且需要适量的人力、物力、财力、技术投入，但建成后将有丰厚的防灾效益回报。

5.2.5 灾后城市能够确保居民的基本生活条件、医疗条件和防疫条件

超过城市灾害设防水准的重大灾害，一般会有部分房屋倒塌、烧毁、冲毁、掩埋，造成包括医务人员在内的城市居民伤亡，城市生命线系统局部破坏甚至全部瘫痪，城市的生产、经济活动停滞，医疗设施破坏，部分居民丧失衣、食、住、医等基本条件。在规划建设防灾城市过程中，城市应当有适量的人力、物力储备，一旦遭遇重大灾害，确保有避难场所，有饭吃，有干净水喝，有衣物遮体御寒，伤病员特别是重伤员得到及时安置、有效治疗，而且具有防疫灭病的防疫人员、设施与药品。

紧急救援物资储备的途径如图5-7所示。

城市内的储备方式包括市储备库、县区储备库、社区储备库、避难场所储备室以及企业与商店储备、生产。从紧急救援的时效上看，避难场所储备与社区储备距离避难人群近，开启储备库（室）即可发挥救援作用。其次是设在市区内的县区储备库、市储备库。企业与商店储备、生产是一种重要储备途径，平时与企业、商店签订灾时供应紧急救援物

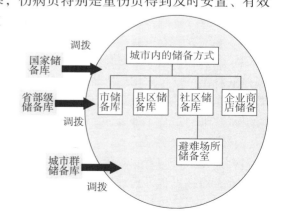

图5-7　紧急救援物资储备方式

资合同，灾时按时、按质、按量、按指定的避难场所供应。

国家储备库、省部级储备库未必设在发生重大灾害的城市，城市群储备库有可能设在受灾的城市内，也有可能设在城市群的其他城市，这些储备库和市内的储备库（室）相比，距离较（稍）远，如果市内的储备不足或品种不全，可以适量调拨到灾区。

重大灾害发生时，必须充分发挥当地驻军、消防人员、公安人员、医务人员、民兵、志愿者在紧急救援、维护社会治安、保护国家财产等救灾活动中的作用。平时，城市有关部门开展综合防灾教育与演习，号召广大市民、企事业单位的干部、职工踊跃参加，知晓防灾减灾的法律法规与基础知识，掌握紧急救援的基本技能以及获取灾害情报的方法，灾时积极自救、互救。城市广大民众是灾时紧急救援和恢复重建的重要力量。市政府、居民和企事业单位通力合作是灾后自力更生重建家园的基本保障。

5.2.6 自力更生，重建家园

重大灾害恢复重建是城市综合防灾减灾的重要任务，为城市社会经济发展奠定基础。

防灾城市与没有灾害设防或设防水准低的城市比较，自力更生救灾减灾能力如图5-8所示。

图5-8 城市自力更生救灾减灾能力的比较图

没有灾害设防或设防水准低的城市，承灾体十分脆弱，往往是"有灾必有害"——"小灾小害"、"大灾大害"。而且，这些城市经济社会发展欠发达，救灾减灾的资源储备明显不足，自力更生救灾减灾的能力薄弱，需要全国军民的支援。而防灾城市，经济实力雄厚，又由于"有灾无害"或者"大灾小害"，救灾减灾的资源需求少，有能力自力更生救灾减灾。

5.3 防灾城市规划内容概要

5.3.1 城市综合防灾的阶段性

以往，城市防灾规划的重点置于灾前预防与灾后紧急救援。但分析近些年来的许多重大灾害，灾后城市恢复重建乏力，延长灾害时间。因此作为防灾城市，平时应有适量的资源储备，灾后有能力快速恢复重建。

从时序上看，一次重大灾害可以划分为灾前防灾、灾后紧急救援、恢复与重建4个阶段（见图5-1）。

（1）灾前预防

灾前预防是遵循"以人为本"、"预防为主"等基本原则，采取适当的防灾措施，防止、避免一些重大灾害发生或者在一定程度上减轻灾情，实现"有灾无害"或"大灾小害"的防灾夙愿。

灾前预防的一项重要任务是编制防灾城市规划。以规划为依据,在一定的规划时间范围内,逐步建成防灾城市。

众志成城,人定胜天。如果适当提高城市建筑的抗震设防水准,有可能避免、减轻重大地震灾害造成的惨重后果,极言之,城市建筑按地震烈极值(XIII度)设防,即使发生最严重的地震,城市建筑也不会严重破坏,有效减少人员伤亡和经济损失,"有灾无害"。又如,不在山崖下、发生滑坡、泥石流的土石体及其移动线路上规划建设建筑与设施,则城市可减少主生或次生地质灾害。再如,绘制不同程度水灾的城市洪涝灾害地图,易涝地域不建或少建建筑与设施,将明显减少城市建筑与设施被淹的可能。

(2)灾后紧急救援

紧急救援是重大灾害发生后的重要救灾举措。像唐山地震、汶川地震等重大地震灾害的紧急救援得到全国军民的鼎力支援,显示出紧急救援时间紧迫,且必须投入较大的人力资源与物力资源,才能确保灾区的基本生活条件、医疗条件、防疫条件。

而防灾城市有能力实现"有灾无害"或"大灾小害",就是需要紧急救援,也主要依靠城市自身的人力资源与物力资源,大幅度降低对外部救援力量的依赖。防灾城市与非防灾城市紧急救援力量的对比如图5-9所示。

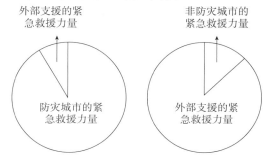

图 5-9　防灾城市与非防灾城市紧急救援力量对比图

在重大灾害下,非防灾城市的紧急救援资源主要靠非灾区、轻灾区支援,大批救灾的人力资源、物力资源和财力从外部调拨、派遣到灾区特别是重灾区,时间紧,任务重,而且要克服路途上的艰难险阻,一旦重灾区或者其中的局部地域成为信息中断、交通瘫痪的"孤岛",阻断紧急救援资源进入,严重影响应急救援的时效与实效。而主要依靠城市自身的紧急救援资源,可以就地调拨、派遣,从重大灾害发生到实施紧急救援的时间短,紧急救援资源的运途近,且灾前储备的资源无论数量还是品种针对性强,救援效益高。即使灾区成为"孤岛",紧急救援照常进行。

(3)恢复

在灾后的恢复阶段,居民恢复生活,机构单位恢复办公,企业恢复生产,商业恢复营业,学校恢复上课等。这是重大灾害后城市生存、发展的重要阶段。唐山地震后,在全国军民的支援下,建设简易城市,逐步恢复城市活力,为重建创造条件。汶川地震恢复阶段的一项重要安居工程是全国部分省市对口援建的过渡安置房——对提高我国避难场所的生活功能、防灾功能有里程碑意义的决策。

防灾城市重大灾害的恢复阶段,由于可以实现"大灾小害",恢复的资源投入、时间投入和技术投入相对少,依靠城市的资源与技术储备,有可能自力更生完成恢复任务。

(4)重建

重建阶段是承受重大灾害的城市大兴土木,创建新城市的阶段。

因为防灾城市的防灾设防水准高,即使发生超过防灾设防水准的重大灾害,城市只在局部地域受灾的可能性比较大,重建只在局部地域进行。可以依据防灾城市自身的人力、物力、财力、技术重建家园。

在灾后恢复重建阶段，城市灾害管理部门特别是组织指挥者，必须充分挖掘城市自身的潜能，发扬"公而忘私、患难与共、百折不挠、勇往直前"的唐山抗震精神，调动广大干部群众的防灾减灾救灾的积极性和创造性，合理利用灾后的城市资源，立足自力更生重建家园。城市发生重大灾害也需要人力资源与物力资源的适当支援。自力更生与适当支援是恢复重建的两个重要方面，灾后"等、靠、要"的思想是消极的。

以上4个阶段有比较鲜明的时序性，依次是灾前防灾，灾后紧急救援、恢复与重建。灾前按较高的灾害设防水准建设城市，科学管理城市，达到防灾城市的防灾水平，有能力抗御灾害设防水准下的重大灾害，有可能大幅度减轻灾后紧急救援、恢复与重建的压力，大幅度缩短受灾时域。

建设防灾城市不仅需要人力、物力、财力和现代科学技术的大量投入，还需要经历较长的时间——有的城市可能需要几十年或更长的时间。只要按照防灾城市规划逐步推进城市防灾建设，城市防灾能力日积月累，不断强化，最终建成名副其实的防灾城市。在防灾城市生活，安全、安心、安然、安康是城市防灾建设与防灾管理的目标。

以上4个阶段依时序依次无缝衔接，构成城市综合防灾减灾的完整体系。4个阶段各有防灾重任，缺一不可，且时序不能互换。重建之后的城市，灾害设防水准更高，防灾能力更强。唐山地震后重建的新唐山按地震烈度Ⅷ度设防，部分建筑按Ⅸ度设防，而且市区建筑几乎全部重建。从城市建筑的总体上看，唐山市成为当时全国应对地震灾害最安全的城市。唐山市重建后经历了多次震级5级以上、6级以下的地震，没有发生重建建筑破坏的现象。即使震后40年发生的4.0级地震，城市建筑（其中有30层以上的高层建筑数十栋）也安然无恙。

5.3.2 设定的灾害种类

防灾城市是针对可能发生的重大灾害规划建设的防灾能力强的城市。因此，比较准确地设定城市可能发生的重大灾害具有重要意义。如果设定的不是实际发生的，或者设定的灾害强度偏差过大，不仅造成人力、物力、财力的重大浪费，还因对实际发生的重大灾害没有设防，造成重大的灾害损失。因此，对于重大灾害，该设防的没设防，不该设防的反而设防，是制定防灾城市规划的大忌。

不同地域的城市往往发生不同的重大灾害。位于地震断裂带上的城市有可能发生直下型地震（唐山地震发生在位于路南区的唐山断裂带）；我国的台风灾害主要分布在台湾省、海南省以及东南沿海的城市，另外还能波及邻近的省市；山地城市易发生滑坡、泥石流和山体崩塌等地质灾害；雨涝区多分布在沿江河（长江、黄河、珠江、淮河、海河、辽河、黑龙江、松花江等）的城市；重大雪灾基本上出现在东北、内蒙古和新疆的北部；使用煤气的户数多、易燃性建筑材料用量大、有化工企业和易燃易爆物品储备库的城市爆发火灾的可能性大；沙尘暴主要分布在新疆、内蒙古，也危害西北、华北和东北部分地区；"非典"是全国性的传染病。

（1）地震灾害

一条地震断裂带发生1次重大地震灾害后，积累的大部分能量消耗殆尽。但余震可以延续几十年，唐山地震的当天下午在滦县发生7.1级余震，之后又有5~6级余震多次，至今已有40年，仍有3、4级余震发生。因此，大震之后重建的建筑、设施，至少应有抗御余震的能力。唐山地震重建的建筑、设施抗震设防水准比较高，未因余震发生破坏。如果地震安全性评价认为，某城市未来几百年不会发生重大地震灾害，则城市建筑的抗震设防水准不宜过高。因为我国城市建筑的寿命按照国家标准的设计要求，重要建筑和高层建筑主体结构的耐久年限为100年，一般性建筑为50年到100年。几百年后发生重大地震灾害时，现有建筑需要更新数次。也就是说，该设防的必须按要求设防，不该设防的没必要设防。

研究表明，同一地震断裂带的同一震源重复发生两次及其以上重大地震灾害的可能性较小。所以，一座城市发生直下型重大地震灾害后，在较短时间内再次发生直下型重大地震灾害的可能性不大。但必须考虑城市附近地域发生地震的波及破坏。有些地震灾害虽然不是在同一震源上重复，也不在同一地震断裂带上，但各次地震震中的距离较近。地震灾害也会波及附近的城市。像唐山地震时，北京市、天津市都不同程度地受到破坏性的波及影响。与唐山市比邻的天津市宁河县灾情严重，震亡14741人（天津市震亡24000人），重伤8790人，房屋倒塌率60%。在防灾城市规划中，城市的地震灾害既有直下型，也有波及型，都在抗震设防之列。

（2）水灾

我国约有一半的国土不发生洪涝灾害。雨涝区主要分布在东部、中部地区，而西部地区大多干旱少雨。一些易发生雨涝的城市，建筑用地与日俱增，社区和道路大面积硬化，城市排水系统不畅，海绵城市建设滞后，低洼易涝的地带建了住宅等建筑，一旦暴雨肆虐，容易发生雨涝，特别是地势低洼处、楼房下部楼层。

编制防灾城市规划时，应对不同程度的雨涝绘制灾害图。并依据雨涝灾害设防水准划定雨涝灾害区，不在雨涝灾害区内建设新的建筑设施，既有的建筑设施依据雨涝程度进行防灾处理。并采取有效措施提高城市的排水能力，建设海绵城市等。

图5-10是部分国家的城市雨涝成灾的情景。暴雨来势凶猛，在极短的时间内，即可成灾，造成惨重的人员伤亡和经济损失。通常，防洪防涝是防灾城市规划的重要灾种，特别是沿江湖河海的城市，更容易发生洪涝灾害。

图5-10　一些国家的城市雨涝成灾

（3）火灾

世界灾害史上，地震次生火灾死亡人数最多的是1923年的日本关东地震。火灾的部分情景如图5-11所示。震后随即发生100余处火灾，大火一直燃烧三天。火灾现场火光冲天，浓烟滚滚；烧死52178人，有1个被服厂烧死4万人左右。

避难人群拥挤不堪，一旦发生火灾、难以逃脱   一个被服厂烧死约4万人

震后大火持续燃烧46小时   火灾现场火光冲天   浓烟滚滚

图5-11 日本关东地震次生火灾的部分情景

近些年来，我国发生了一些严重火灾，造成惨重的人员伤亡与经济损失。部分火灾的伤亡人数如表5-2所示。

近些年我国部分重大火灾死亡人数（50人以上）统计表   表5-2

时间 （年-月-日）	地点	死亡 人数	时间 （年-月-日）	地点	死亡 人数	时间 （年-月-日）	地点	死亡 人数
1994-11-27	辽宁阜新	233	1994-12-08	新疆克拉玛依	323	2000-12-25	河南洛阳	309
2004-02-15	吉林省吉林市	54	2004-11-20	河北沙河	58	2010-11-15	上海静安	58

火灾是城市频发的灾害，重大火灾造成比较严重的人员伤亡和经济损失。无论哪座城市都有可能发生火灾，是防灾城市规划不可缺少的灾种。特别是有易燃易爆原料、中间产品和产成品的生产厂家或存储仓库的城市容易发生重大火灾；木制建筑较多、耐火建筑较少、消防脆弱的城市，火灾易于蔓延；耐火建筑的比例高、市民普遍有防火意识和灭火能力、重视城市消防建设、合理设计城市结构形成火焰终止线系统的城市，可减少重大火灾发生与蔓延。

（4）风灾

城市风灾主要有台风（飓风）、龙卷风。

①龙卷风

龙卷风是在极不稳定的天气下，由空气强烈对流运动而产生的一种伴随着高速旋转的漏斗状云柱的强风涡旋。其具有如下特点：季节明显，主要发生在春季、夏季；生存时间短，一般为几分钟至数小时；成灾范围小，其直径一般为十几米到数百米；风速大，可达100～200米/秒；破坏力强，摧毁建筑、掀翻车辆、拔起或折断大树，毁坏田园，而且常伴有冰雹，形成龙卷风冰雹复合灾害，加重灾情。

美国被称为"龙卷风之乡"，发生龙卷风的历史久远，目前依然多发。美国的部分龙卷风景象及其造成的人员死亡如图5-12所示。

1936年佐治亚州龙卷风死203人

1925年密苏里等州死695人

1908年路易斯安那等州死143人

1953年德克萨斯州死113人

1953年密歇根州死116人

2011年密苏里州死158人

图5-12　美国部分龙卷风景象及其死亡人数

我国一些省份多发龙卷风。据统计，1991～2014年我国平均每年发生43个龙卷风，以春季和夏季多发，4～8月的龙卷风个数占全年的92%。发生地主要集中在长江三角洲、苏北、鲁西南、豫东等平原地带、湖沼区以及东南沿海地带。其中，江苏和广东最多，江苏高邮市被称为我国的"龙卷风之乡"。近些年，我国死亡人数超过60人的龙卷风如表5-3所示。

从表5-3的统计数据可知，这9次龙卷风造成不同程度的人员伤亡。而且，龙卷风难以准确短期预报，可能发生龙卷风的城市，制定防灾城市规划时，应考虑防风设防。

近些年我国死亡人数超过60人的龙卷风统计表　　　　　　表5-3

时间 （年-月-日）	地点	死亡人数	受伤人数	时间 （年-月-日）	地点	死亡人数	受伤人数
1956-09-24	上海	68	842	1957-07-13	山东单县	66	—
1958-07-05	山东滕县	63	188	1964-07-31	湖北孝感	82	17
1967-03-26	浙江长兴等地	87	510	1977-04-16	湖北安陆等地	118	1100
1978-04-14	陕西乾县	84	334	1983-04-27	湖南湘阴等地	81	970
2016-06-23	江苏盐城	99	846				

②台风

台风是发生在热带海洋上的强烈气旋性涡旋。我国南海北部、台湾海峡、台湾省、东海西部和黄海为台风通过的高频区。台湾省、海南省、东部沿海特别是东南沿海各省、市、区常受台风袭击，其他省、市、区尤其是比邻的省、市、区也常受台风的影响。

据统计，1949～2001年登陆我国的台风共488个，平均每年9.2个。其中达到风暴级强度的台风（最大风速≥17.2米/秒）419个，平均每年7.9个。我国是台风灾害较多的国家之一。

台风具有季节性，一般发生在夏秋之间；台风中心登陆地点难准确预报；台风具有旋转性；破坏性严重，往往造成人员伤亡，且对建筑物、架空的牌匾和线路、树木、海上船只、渔业、农作物等有很大的破坏性；强台风常伴有暴雨、高潮、城市内涝以及地质灾害，加重灾情。2016年"马修"飓风，海地死亡877人。

近几十年来，我国建立了由组织指挥体系、工程防御体系、防御预案体系、预警预报体系、群防联控体系、次生灾害防御、组建抢险救援队、宣传教育演练等构成的防台风保障体系。有效地减少了台风灾害的人员伤亡和经济损失。

菲律宾海燕台风、美国卡特里娜飓风过后的惨景如图5-13、图5-14所示。

图5-13 菲律宾海燕台风

图5-14 美国卡特里娜飓风

与龙卷风不同，台风、飓风能够准确地短期预报。提前数天可预报其形成与发展，运动路线及其随时间的变化，是否登陆以及登陆的地域范围，强度及其变化，成灾的地域等。强台风通过的地域有数天的紧急备灾时间。像美国卡特里娜飓风前，部分人乘车到飓风不及之处避难——远程避难，逃离飓风成灾区域，灾后返回原居住地。

（5）地质灾害

我国的地质灾害遍及各个城市。山地城市可发生山体崩塌与滑坡、泥石流、落石、塌方等灾害，平原地区的城市则可能发生场地液化、地面隆起或塌陷、地裂缝等。

汶川地震、唐山地震的地质灾害示例如图5-15所示。

落石
死伤行人，砸坏交通工具，堵塞交通

堰塞湖
山体滑坡堵塞山谷，可引发水灾

山体滑坡
人员死伤，摧毁建筑设施，堵塞交通

山体崩塌
死伤行人，堵塞交通

泥石流
冲毁城镇、村庄，淹没建筑、设施，阻断交通

汶川地震

平原地区发生的场地液化、道路隆起、沉陷、裂缝

唐山地震

图5-15　汶川地震、唐山地震的地质灾害示例图

2016年10月西藏波密县易贡茶厂小学泥石流如图5-16所示。从该图可以看出，位于山麓的建筑一层灌进了泥浆，室外道路、设施被泥石流冲毁，学校丧失了教学环境与条件，不得不停课。

（6）人为灾害

人为灾害是由人为因素引发，种类甚多，主要包括自然资源衰竭灾害、环境污染灾害、火灾、交通灾害、人口过剩灾害、核辐射灾害、恐怖袭击以及战争灾害等。防止、减少人为灾害是防灾城市规划不容忽视的内容。

（7）其他灾害

东北三省、内蒙古、新疆的北部城市骤降暴雪；滨海城市的发生海啸、大潮、高潮；城市爆发的各类传染疾病以及干旱、冰雹、冰冻等。

还应当指出，城市发生灾害往往是复合灾害。像台风伴有暴雨、大潮、高潮；地震常发生次生火灾、地质灾害、海啸等。

图5-16　西藏波密县易贡茶厂小学泥石流

5.3.3　防灾城市规划的规划期

《中华人民共和国城乡规划法》第十七条第三款规定，城市总体规划的规划期限一般为 20 年，并应对城市更长远的发展做出预测性安排。《国家综合防灾减灾救灾规划》的规划期为 5 年。防灾城市规划的规划期可取 10 年或 20 年。

防灾城市规划的规划期如图 5-17 所示。图中的示例，从制定防灾城市规划到基本建成防灾城市需要 3 个规划期，即 30 年到 60 年。这就要求制定第一个防灾城市规划时，应确定防灾城市的各项防灾目标，并对后续的规划作出预测性安排，在制定后续规划时可依据上个规划完成的情况和城市发展的实际状况，进一步完善。

规划建设防灾城市是依据规划逐步提高防灾减灾能力、降低城市承灾脆弱性的过程。因此，在防灾城市的规划建设中，伴随着城市承灾脆弱性的降低，防灾能力提高，越来越接近于防灾城市的防灾目标。例如：防灾城市的建筑抗震设防水准为地震烈度Ⅺ度，开始规划时有的建筑是Ⅷ度，有的是Ⅸ度，这些城市建筑逐步淘汰、改造加固，Ⅺ度的新建建筑比例逐步增加，从理论上说，当这座城市的所有建筑都达到Ⅺ度后，达到了防灾城市的建筑抗震设防水准要求。又如：防灾城市的耐火建筑设防水准是耐火建筑面积占城市总建筑面积的 70%，开始规划时，只占 40%，在规划建设过程中，必须逐步淘汰或改造非耐火建筑，逐步增加耐火建筑，朝着 70% 的目标迈进。

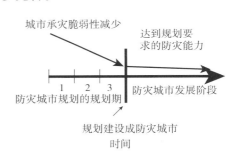

图5-17　防灾城市规划的规划期

显然，防灾城市规划是朝着规划目标前进的发展规划，通过一个接一个的规划，在若干个规划期内完成预定的防灾目标。换言之，建设防灾城市不是一蹴而就的短期行为，整个城市的防灾能力提高，防灾结构的构建与完善，居民防灾意识与能力的强化，防灾人力物力资源的储备与利用，防灾经济实力与投入力度等多种因素综合影响防灾城市的建设与发展速度。

5.3.4 防灾城市规划的基本框架

（1）制定基本方针

本章5.2简述了建设防灾城市的基本方针。

（2）设定灾害

收集最新的灾害风险情报，依据发生频次、受灾规模、以往相关规划中制定的防灾对策以及地区特性（空间特性）等，设定灾害种类（规划的前提）和规划的地域范围（市、县区、村镇等）。设定的灾害应为复合灾害，且防灾对策以复合灾害的灾种、规模、发生地域为准，例如：避难人数与避难场所面积，应储备的紧急救援资源数量，需要外部支援的部队、医务人员以及其他人员与物力。

设定的灾害可以考虑几个防灾预案。以重大地震灾害为例，依据不同的地震强度及其灾情、发生时间（春、夏、秋、冬，夜间、白天、是否是居民做饭时等），灾害发生后的风速（影响次生火灾蔓延）、次生灾害与建筑垃圾对紧急救援的影响程度等，提出几种不同的预案。灾害发生时，根据实际灾情，启动相应的预案。

（3）绘制城市灾害情报地图

制定防灾对策前，宜根据城市既有的各种灾害风险情报和灾害的预测、预报等新的研究成果，绘制城市灾害情报地图。并基于该地图，分析研究城市在灾害设防水准下，灾害的地域分布，灾害的发展及其影响，主生灾害与次生灾害的相关性等，对制定城市防灾对策有重要参考价值。城市灾害情报地图示意图如图5-18所示。图的外框内是防灾城市规划的地域范围。图中的圆表示可能发生的灾害、地域与诱因。一般，每种设定灾害都绘制灾害地图，再复合成设定灾害总图。

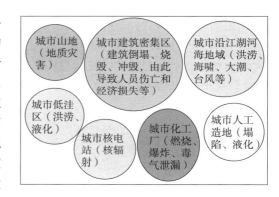

图5-18　城市灾害情报地图示意图

部分城市灾害情报地图的片段如图5-19所示。城市灾害情报地图是对城市设定灾害的灾种、地域分布及灾害轻重的图形描述，直观、明了、易读、易懂、印象深刻。是编制防灾城市规划的重要辅助手段。

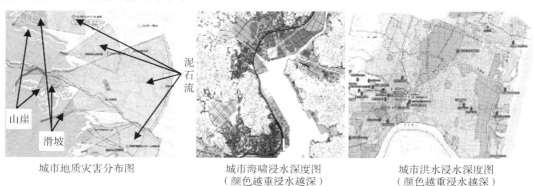

城市地质灾害分布图　　城市海啸浸水深度图　　城市洪水浸水深度图
　　　　　　　　　　　（颜色越重浸水越深）　（颜色越重浸水越深）

图5-19　城市灾害地图的部分片段

（4）防灾对策体系

防灾城市防灾对策具有针对性、多样性、实效性与时效性，形成防灾对策体系（见表5-4）。

不同的城市根据设定的灾害及其设防水准等，研制符合本城市特点的防灾对策系统。但不论哪个城市的防灾对策必须具备防灾要素系统的基本要素：组织机构、人力资源与物力资源的储备、避难场所系统的规划建设、支援灾区的部队官兵、医务人员（含防疫人员、心理咨询师）等。且应当突出自救、互救和公救一体化，市民、城市各行各业和政府协作联动。

防灾城市防灾对策系统简表　　　　　　　　　　　　　　　　表5-4

要目	设定灾害	具体防灾对策
城市综合防灾组织机构	各种灾害	城市防灾对策必须有组织的进行。建立常设的、临时的防灾组织机构，执行国家的、地方的相关法规，制定防灾城市规划，组织城市防灾教育，引进、培养城市灾害管理人才，规划建设避难场所系统和紧急救援资源储备，灾时组织指挥紧急救灾，调拨紧急救援物资，接待安置支援灾区的部队官兵、医务人员、志愿者等，带领城市居民和各行各业自力更生重建家园。坚强的组织领导是战胜重大灾害的组织保障
建筑设施的抗震设防	地震震级、震中、烈度分布、灾情	抗灾、减震、隔震、加固对策，逐步淘汰老旧建筑设施，规划建设达到设防水准的建筑设施，并严格管理设计、施工、监理、验收等各个环节
建筑设施的耐火设防	火灾及其蔓延地域范围、灾情	按耐火设防规划建设新的建筑设施，逐步淘汰不符合耐火要求的老旧建筑设施，完善城市结构，构筑防火隔离带、防火树林带，提高城市消防能力（消防车、消防道路、消防水源等满足耐火设防条件的需求）
地质灾害	山体崩塌、滑坡、泥石流、场地液化、灾情	不在地质灾害发生处建设新的建筑设施，淘汰可能发生地质灾害地域内的建筑设施，监控、勘察地质灾害孕育、发展与成灾过程，适时发布警戒、避难信息，城市设置直升机停机坪，储备地质灾害土石的清除设备
防洪防涝	暴雨、洪水、大潮、灾情	不在洪涝灾害设防水准下的城市被淹地域规划建设建筑设施，逐步淘汰这些地域内的建筑设施，规划建设海绵城市，提高城市排水、泄洪能力，根据需求巡视、维护、加固、加高堤坝，滨海城市设防潮堤
风灾	台风（飓风）、龙卷风、灾情	依据灾害设防与灾情，规划建设防风建筑设施，加固标牌，栽植抗风性能强的植被，风灾与水灾常相伴而生，同时考虑防风防涝对策，关注风灾的形成与发展，风灾来临前采取预防措施（转移居民、组织远程避难等）
生命线系统	地震、水灾等、灾情	规划建设具有抗震性能、排水、泄水能力的共同沟系统，其内铺设电线、电缆、输水、输气管道，确保城市紧急救援道路、避难道路、消防道路畅通
城市灾害情报系统	地震等各种灾害	参见第四章灾害情报
城市避难场所系统	各种灾害	依据设定复合灾害的总避难人数，规划建设避难场所系统（避难所、避难道路和防灾设施）。避难所可选择封闭空间或开放空间，确保每位避难者的有效避难面积，避难道路畅通，防灾设施齐全且能发挥防灾功能
城市公安系统	各种灾害	维护社会治安，保卫重点设施

要目	设定灾害	具体防灾对策
城市医疗系统	各种灾害	参见第六章急救灾害医学与第九章"老龄化社会型灾害"老年人的紧急救援
救援物质储备系统	各种灾害	见本章5.2.5节，储备方式见图5-7
灾害弱者	各种灾害	主要指"老弱病残孕"。见《地震灾害应急救援与救援资源合理配置》第九章避难弱者及其紧急救援规划
防灾教育与演习	各种灾害	城市领导和各相关单位提高防灾意识，培养城市综合防灾减灾人才，组织城市各社区、企事业单位每年定期或不定期开展防灾教育与演习。号召、动员广大市民、企事业单位职工积极参加，普及综合防灾减灾救灾知识，增强自救、互救意识与能力，培养协作联动的防灾精神，了解避难劝告、避难指示与避难场所系统等
志愿者非政府机构	各种灾害	平时与灾害管理部门保持联系，灾时依据灾区的实际需求，支援灾区

5.3.5 防灾城市规划示例

规划建设防灾城市的基础条件以及发展进程，不同的城市千差万别。防灾城市规划的内容也可能有较大的差异。以下几个示例是不同防灾城市规划的基本框架。

（1）以主要规划内容为主线

见图5-20（a）。

①确定灾害的种类。主要包括地震灾害、地质灾害、火灾和水灾。

②主要规划内容。划分为3个方面，即城市基础设施的防灾能力，构筑安全避难的体制，大幅度提高防灾意识，强化城市防灾能力。

③重要防灾对策。建筑抗震、耐火、防涝；提高城市基础设施（避难道路、避难场所、救援道路、消防系统、桥梁、堤堰等）的防灾能力；防灾教育与演习，利用现代科学技术创建灾害情报系统并提高灾害情报的准确性、速发性；强化居民的自救、互救意识与能力，充分调动居民自救互救的积极性等。

（2）各类规划为主线

见图5-20（b）。①重要灾害种类。风灾、水灾、地质灾害（滑坡、泥石流、山体崩塌）以及农林、渔业灾害。②主要规划。城市防灾规划，建筑防灾规划，预防地质灾害规划，防涝规划，农、林、渔防灾规划等。③防灾对策。该城市位于山地，有湖有河，城区建筑密集，郊区农、林、渔业发达，有文化遗产。该城市的灾种没考虑地震，防灾对策集中在城区与郊区。

通常，防灾城市规划必须对设定的各种灾害提出防灾对策，大幅度提高居民的自救与互救能力，强调政府、居民与企事业单位协作协动的重要性；确定规划编制与实施的体制以及规划所处的地位。

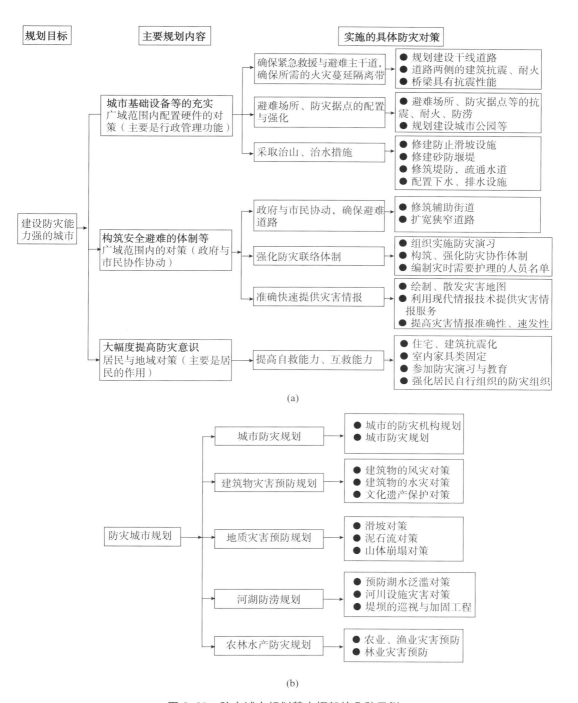

图 5-20　防灾城市规划基本框架的几种示例

第六章　急救灾害医学

6.1　基本概念

（1）医学

医学是通过科学或技术的手段处理人体的各种疾病或病变；研究人体构造、机能和疾病以及疾病诊断、治疗和预防方法的学科体系；研究人体的构造以及人体保健、疾病与伤害的诊断、治疗、预防方法的学问。

医学有基础医学、临床医学和社会医学等。以伤病者是否入院治疗为界，可划分为院外医学和院内医学。院外医学是灾害现场或重伤员转运途中的医学行为；院内医学是伤病患者入院以后的诊断、治疗。

（2）灾害医学

随着灾害科学的发展，在其学科领域内，不断出现新的学科生长点。重大灾害的医学紧急救援经验、教训与研究成果的日积月累，灾害医学、急救灾害医学的学科轮廓越来越清晰，新的学科应运而生（见图6-1）。

灾害医学是灾害学、医学相互交叉、渗透、融合形成的新的学科。从灾害学的角度审视医学，后者是应对重大灾害条件下人体疾病、伤害的诊断、治疗和预防。从医学的视野审视灾害学，一旦发生重大灾害，特别是重大地震灾害，必造成一定程度的人员伤亡以及由此产生的次生灾害，必须用医学手段诊治伤病员，尤其是重伤员，挽救更多濒危、危重患者幸免于难，并防止瘟病爆发，保护灾区民众的人身安全与健康。

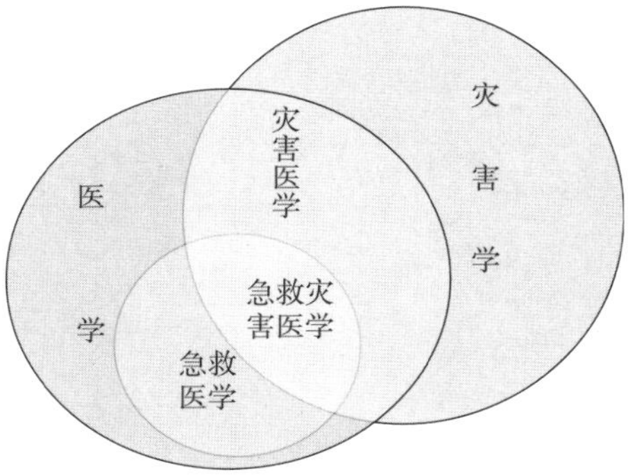

图6-1　灾害医学、急救灾害医学成学图

灾害医学的医学功能、防灾减灾功能正是灾害学、医学相互交叉、渗透、融合形成新的学科产生的。重大灾害后灾区急迫需求医学救助。

（3）急救灾害医学

急救医学是医学的重要组成部分，城市的医学急救机构与医院的急诊科属急救医学范畴。急救灾害医学是急救医学与灾害医学的交叉学科（见图6-1），在学科上与医学、灾害医学和灾害学密切相关或者说是不容忽视的组成部分。研究对象是重大灾害紧急救援条件下，用医学手段急救灾区的伤病员尤其是重症患者，并研究医务人员与医疗设施、药品在灾区的合理配置，预防瘟病爆发的一门科学。急救灾害医学是医学急救伤病员的基本规律、方式、方法、组织或者紧急救援阶段医学救援、疾病防治和卫生保健的一门科学。

创建急救灾害医学的目标是在重大灾害突发后的初期特别是紧急救援阶段，通过急救医学手段，挽救濒危、危重患者的生命，最大限度地提高救活率、治愈率，降低死亡率，减少残疾率，减轻灾民的伤病与精神创伤。从灾害统计学的角度看，死亡总人数是评价一次重大灾害灾情轻重的一个重要指标。但依据急救灾害医学的观点，在灾害突发后的初期特别是紧急救援阶段，用急救医学手段挽救了多少重症患者的生命是评价医学防灾成效的新认识、新理念。

急救灾害医学包括院外医学和院内医学。而且，应当在较短的时间内，实现从院外医学向院内医学转换。在重大灾害紧急救援条件下，院外医学行为主要发生在灾害现场或向医院转运途中，虽有医务人员治疗、护理，但医疗条件相对简陋。相比之下，院内医务人员多，医学科室齐全，医疗设施与药品完备，医疗条件更好。尽快实现从院外医学向院内医学转换，对提高伤病员的救活率有重要意义。因此，重大灾害发生后，把部分重伤员转运到非灾区医疗条件好的医院，取得更好的医疗效果。

1977年，在日内瓦成立了世界急救医学和灾害医学联合会（World Association for Disaster and Emergency Medicine，WADEM），是研究世界各国在院外急救垂危濒死病人的经验和现场急救的综合性医学组织机构。近40年来，该联合会在急救医学与灾害医学领域开展了许多卓有成效的工作——急救医学与灾害医学教育、灾害医学学科建设、灾害医疗体系建设等，推动了急救灾害医学的诞生与发展。

我国是灾害多发国，在急救医学与灾害医学领域积累了丰富的经验。在重大灾害突发后的初期是实施急救灾害医学的关键时期。

以地震灾害为例，50年来我国7.0级以上地震如表6-1所示。显然，城市直下型地震——唐山地震、震级较高的地震——汶川地震，死伤人数较多。

50年来我国7.0级以上地震的人员伤亡一览表 表6-1

地震名称	发生时间	震级	死亡人数（含失踪）	受伤人数
河北邢台地震	1966-03-08	7.2	8182	51395
云南通海地震	1970-01-05	7.7	15621	26783
四川炉霍地震	1973-02-06	7.6	2175	2756
云南龙陵地震	1976-05-29	7.3	98	451（重伤）
河北唐山地震	1976-07-28	7.8	242469	175797（重伤）
新疆乌恰地震	1985-08-23	7.4	67	200
云南澜沧耿马地震	1988-11-06	7.6	738	3491（重伤）
云南丽江地震	1996-02-03	7.0	309	3925（重伤）
四川汶川地震	2008-05-12	8.0	87200	375000
新疆于田地震	2014-02-15	7.3	0	78

（4）紧急救援

重大灾害紧急救援是灾后第一天（黄金24小时）至第三天（黄金72小时）的救援活动。这个阶段救援的任务艰巨，时间急迫，急救特点突出，效果明显，采取有效措施可大幅度提高急救效益。

重大灾害发生后，大量灾民骤然从平时的正常生活跌入灾时的生活贫困状态，集中性地产生大量无家可归者，往往有成千上万甚至数十万人员伤亡，而且随时有严重次生灾害发生。可以说，灾后百废待兴，必须坚持"以人为本"、"民生第一"、"预防为主"等基本原则，紧急为灾区民众创造基本生活条件、医疗条件和防灾条件，确保灾民人身安全，灾区社会稳定，有序过渡到恢复重建阶段。

重大灾害的紧急救援阶段是不可逾越的综合防灾的初始阶段，也是灾区尤其是重灾区生活条件、医疗条件和防灾条件较差的阶段；如果是重大地震灾害，在激烈震动的极短时间内，集中性地倒塌大量建筑，地震废墟或次生地质灾害滑动体内埋压大量灾民，地震引发的海啸造成众多居民葬身大海，伴随地震主震以及各类次生灾害（余震、火灾、地质灾害、室内家具移动等）造成不同程度的人员死亡；许多灾民丧失基本生活条件，特别是居住、饮食、御寒条件；医院建筑倒塌或严重破坏，医务人员伤亡，医疗设施与药品被砸、被埋、水浸或因无电、无水等不能利用；由于遇难者尸体腐败，卫生条件差，灾民抗病能力脆弱，存在爆发瘟病的可能性；公安系统发生震害，犯罪案件有可能增加，国家重要机关、金融部门等必须保护、保卫等。

由上述可以看出，在重大灾害的突发初期，急救灾害医学有重要的不可替代的担当——诊断、医治、护理、转运伤病员特别是重症患者，快速实现从院外医学向院内医学转换；广泛、深入开展防疫灭病，确保不发生次生传染疾病；关注灾害的精神创伤者和灾害弱者，实施精神康复与保健医疗等。因此，急救灾害医学是确保提高伤病重症患者救活率的重要医学保障。

6.2 急救灾害医学的重要特征

急救灾害医学的重要特征是灾害与医学急救。也可以说，是灾害医学在灾害突发初期的紧急应用。实施急救灾害医学阶段，灾区的医疗条件、防疫条件较差，医学资源遭受严重破坏，外地支援的医学资源尚未完全到位，收容、治疗、转运的重伤员多，时间紧，任务重，难度大，且存在发生瘟疫的风险。

6.2.1 短时间、集中性地突现大量伤员

这是重大灾害尤其是重大地震灾害、大规模的爆炸与火灾、瘟疫爆发等，在极短的时间内集中性地产生大量伤病员。比较明显的示例是重大地震灾害（如表6-1所示），在主震发生的几十秒内就突现数以万计甚至几十万计的伤员。唐山地震重伤175797人，汶川地震伤375000人。日本3次重大地震灾害的伤员人数如表6-2所示。突现的这么多伤员尤其是其中的濒危与危重患者，必须及时得到有效医治，否则性命难保。

日本3次重大地震灾害的伤员人数表　　　　　　　　　　　　　　表6-2

地震名称	受伤人数	
	重伤	轻伤
关东地震（1923年）	16514	35560
阪神地震（1995年）	10683	33109
东日本地震（2010年）	198	5337（伤势不清者185人）

6.2.2 重灾区的医学资源遭受严重破坏

以唐山地震为例。震前唐山市和唐山地区有各类医疗卫生机构（医院、防疫站、妇

幼保健站所、卫生所、门诊部等）1126 个，医务人员 19868 人，病床 14920 张，建筑面积 45 多万平方米。地震中 1901 名医务人员震亡，其中唐山市 1008 人。医疗卫生机构建筑物震毁近 40 万平方米，唐山市和丰南县医疗卫生机构的建筑物几乎全部倒塌。损失病床 11057 张，唐山市 98% 的病床震坏。1149 台（件）大型医疗设备破坏。结果，灾时灾区的灾害医学资源小于或者远远小于实际需求的灾害医学资源。不尽快改变这种状态，难以完成急救医学任务。

6.2.3　城市医学资源的供需平衡破坏

通常，平时城市医学资源的供需基本处于平衡状态（如图 6-2 中的"平时"所示）。而灾害发生后，则严重失衡（如图 6-2 中的"灾害刚刚发生"所示）。因此，必须果断采取有效措施，建立灾害医学紧急救援条件下的新的平衡（如图 6-2 的"灾时 a"、"灾时 b"所示）。重建基本结束时城市的社会经济生活基本恢复正常，城市的医学资源供需关系基本建立起新的平衡。

分析图 6-2 可知，重大灾害发生后，受灾城市的医学资源供需平衡遭受严重破坏，供远小于需，必须采取应急的有效措施，调整、控制供需平衡。对表 6-2 的重大地震灾害紧急救援的研究表明，主要措施是灾后立即派遣医务人员（医疗队），调拨医疗设施和药品（含防疫设施与药品）支援灾区，强化受灾城市灾害医学资源供给能力，最大限度满足伤病员特别是重症患者的急救医学资源需求；把部分或全部重伤员转运到非（轻）灾区，减少灾区急救医学资源不足的压力，到急救医学资源更丰富、医疗条件和效果更理想的医院治疗。重大灾害多采取二者相结合的方式，增加外地的"供"，减少灾区内的"需"，力求实现急救医学资源供需平衡，发挥灾害医学的医学效益。

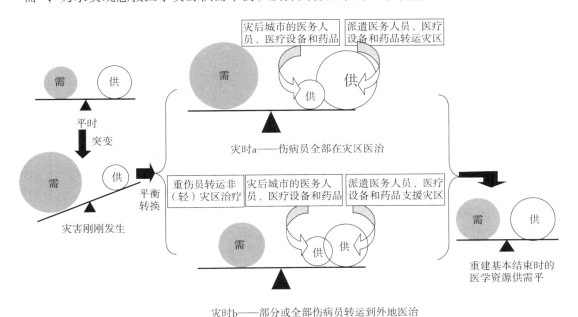

图 6-2　平时、灾时医学资源平衡状态示意

6.2.4 伤情繁杂、医治难度大

不同的灾害往往有不同的伤情。例如：火灾的伤者多为烧伤、呼吸道与眼睛伤害；爆炸伴随燃烧，还有冲击波造成的伤害；霍乱之类的传染病，传播速度快，死亡率高。

地震灾害的伤情十分复杂。唐山地震伤者的重要特征概括如下：①伤员占总人口的比例大，唐山市区（极震区）居民的伤害率高达34%；②重伤员多，重伤员率（重伤员占伤员总数的百分比）唐山市路南、路北区高达28.8%，丰润县32.0%，滦南县27.6%；③骨折和软组织挫伤的多，骨折的占伤员总数的60%多，软组织损伤的占1/4，其他的各种伤害占13.1%（见表6-3）；④截瘫伤员较多，唐山市和唐山地区共有截瘫伤员3817人，其中唐山市1814人，各县2003人；⑤完全性饥饿伤害比较多，唐山地震埋压在建筑废墟中的灾民多，扒救工作难度大，部分灾民较长时间在废墟中断水断食，形成了这种灾害。由此可以看出，重大地震灾害伤员的伤情十分复杂，医治难度大，需要多学科综合诊断、治疗。

唐山地震伤员的伤情统计表 表6-3

医疗地点	伤员数（人）	骨折人数（人）	占比（%）	软组织挫伤（人）	占比（%）	其他（人）	占比（%）
丰南县	4736	3099	65.4	1371	29.0	266	5.6
玉田县	404	268	66.3	—	—	236	33.7
河南省	13471	8480	63.0	4814	35.7	177	1.3
安徽省	11457	5567	48.6	3454	30.1	2436	21.3
辽宁省	18590	12476	67.1	2395	12.9	3720	20.0
石家庄市	5736	3876	67.6	1545	26.9	309	5.4
（合计）	54394	33766	62.1	13579	25.0	7144	13.1

6.2.5 医治时间紧迫

急救灾害医学处置的伤员濒危者、危重者较多，属急救范畴。必须在接诊后快速采取有效的医治措施，方能挽救生命。要求医务人员多学科协作，果断确诊，快速分流，紧急救治。在这种情况下，"时间就是生命"。就近治疗是争取医治时间的重要途径之一。唐山地震采取如下3种措施：其一，设临时包扎点和医疗点。震后唐山市、唐山地区和驻唐部队的医务人员、受过战备医务训练的卫生人员和农村的"赤脚医生"，有组织地和自发地在街道旁或废墟上设临时包扎点和医疗点，急救伤员。临时包扎点和医疗点的医务人员数量以及医药、医疗设备与材料等虽然有限，但由于处置与救援及时，一般都有较好的治疗与救援效果。其二，利用地震灾区震害较轻的医疗机构开展急救。唐山地区有些市、县的医疗机构震害较轻，有能力组织医务人员、医药和医疗设备，急救伤员。地震的当天，部分伤员送往丰润县、玉田县、遵化县、迁西县和秦皇岛市的医院或卫生所医治。其三，唐山军用飞机场。地震当天上午，为抗震救灾启用了地震灾害严重的唐山军用飞机场，实施就地医治和向外省、市转运。地震次日，飞机场内集结重伤员8000余人。就近急救，缩短医治时间，提高医治效果。

6.3 急救灾害医学的实证分析——以唐山地震为例

图 6-2 是我国急救灾害医学实证分析的理论基础。即灾区的重伤员转运外地治疗，同时向灾区派遣医务人员并调拨医疗设施、药品，创造急救灾害医学需求的新的供需平衡。确保伤病者得医，濒危、危重患者得救，精神创伤者康复。

医治伤员的大致过程是发现伤员（室外伤员与从废墟中扒救出的伤员）→运送重伤员（从发现地运送到医疗点）→初步分类（轻伤、重伤，内伤、外伤，所属医治学科等）→确定是在当地治疗还是运往非（轻）灾区治疗（以上是院前急救灾害医学）→（以下是院后灾害医学）提出治疗方案→治疗→痊愈出院。

通常，重大地震灾害重伤员比较多，急救灾害医学在防灾减灾中的作用更为突出，这是选择地震灾害进行实证分析的重要出发点。

6.3.1 向灾区紧急派遣医务人员（医疗队），调拨医疗设备和药品

（1）支援灾区的医疗队数和医务人员数（如表 6-4 所示）

重大灾害发生后，向重灾区（例如：地震震中附近）派遣人力资源（部队、医务人员等）支援灾区已经是灾害紧急救援的重要程序，也是急救灾害医学的重要担当，对于提高紧急救援效果，挽救濒危、危重患者的性命有重大意义。

支援唐山灾区的医疗队和医务人员数　　　表 6-4

地区或单位	医疗队（个）	医务人员（人）	地区或单位	医疗队（个）	医务人员（人）	地区或单位	医疗队（个）	医务人员（人）	地区或单位	医疗队（个）	医务人员（人）
解放军	125	5400	吉林省	8	614	河北省	13	3509	天津市	2	67
上海市	53	2003	河南省	6	733	陕西省	12	746	湖北省	2	636
辽宁省	17	3252	铁路系统	6	390	黑龙江省	11	310	卫生部	1	30
山东省	14	871	北京市	2	214	江苏省	11	992	（合计）	283	19767

支援唐山地震灾区的医疗队 283 个，医务人员 19767 人。其中，中国人民解放军医疗队 125 个，医务人员 5400 人；上海市 53 个，2003 人。

唐山灾区重伤员人数如表 6-5 所示。

唐山地震重伤员人数统计表　　　表 6-5

市县	重伤数	市县	重伤数	市县	重伤数	市县	重伤数	市县	重伤数	市县	重伤数
唐山市	82000	滦县	9191	玉田县	6198	唐海县	1845	卢龙县	1169	秦皇岛市	33
丰南县	25240	天津宁河	8790	昌黎县	2767	迁安县	1969	抚宁县	964		
丰润县	17588	滦南县	7280	遵化县	2063	乐亭县	1629	迁西县	209		

约一半医务人员部署在重灾区，其余分布在唐山市和秦皇岛市的各县区。在唐山市中心区，新华道以北 37 个医疗队，2100 多名医务人员，新华道以南 28 个医疗队，2600 多名医务人员，陡河以东 69 个医疗队，4100 多名医务人员。以重灾区为重点的部署，可以集中灾害医学人力资源优势，及时医治、转运重伤员，并在灾区的较大范围内开展灾害医

学活动。

（2）支援唐山灾区的医疗设施和药品

地震当天和次日，卫生部和商业部紧急调集药品和医疗用品赶运唐山地震灾区。到震后的第四天（7月31日），全国支援灾区的药品150多吨。为了保障医治设施和药品的需求，有关部门作出如下决策：河北省的备用血浆全部用于救治地震灾区的伤员；紧急安排河北省各制药厂增产各类抗菌药、消炎药、止痛药和注射液等；指令华北制药厂紧急生产青霉素等药品；紧急安排全国各生物制药厂赶制破伤风抗毒素；给唐山灾区紧急运送氧气瓶等。在震后的几天内，中央各部委和上海市、安徽省、辽宁省等26个省、市、自治区支援灾区的药品和医疗用品价值2607万元（见表6-6）。这保障了医治伤员的医药与医疗用品的需求和地震灾区防疫灭病的需要。

全国支援的药品（按当时药价折合人民币）（万元）　　　表6-6

省市区	人民币	省市区	人民币	省市区	人民币	省市区	人民币	省市区	人民币	省市区	人民币
中央各部委	1373	上海市	236	安徽省	146	辽宁省	141	北京市	93	福建省	91
广西壮族自治区	69	陕西省	55	河南省	41	江苏省	37	甘肃省	33	天津市	30
内蒙古自治区	55	云南省	75	青海省	28	四川省	20	广东省	16	吉林省	12
宁夏回族自治区	22	湖南省	12	黑龙江省	9	山东省	4	山西省	4	浙江省	2
湖北省	2	江西省	1							（合计）	（2607）

图6-3是空运到唐山灾区大量药品。

震后两三天唐山灾区发现肠炎、痢疾蔓延的苗头，震后一周达到高峰，市中心区的患病率超过10%，农村和矿区达15%~36%，是其他年份同期的几十倍。

图6-3　空运到唐山灾区大量药品

出现疫情苗头后，中央抗震救灾指挥部高度重视。指令上海、辽宁、黑龙江、广东、江西、甘肃和宁夏等7个省、市、自治区组建卫生防疫队，河北省唐山抗震救灾指挥部要求省内非灾区的城市也组建防疫队，立即奔赴抗震救灾第一线。震后一周左右共有1247名防疫人员先后到达唐山地震灾区。并从外地调进5万多件（台、架）防疫器材、近1400吨消毒剂、杀虫剂、1500万人份的疫（菌）苗（表6-7）。为唐山灾区大灾之后无大疫奠定了防疫资源基础。

国家还为唐山灾区调拨了大量防治传染病的药品，包括硫酸庆大霉素、氯霉素、红霉素、硫酸二甲基嘧啶、磺胺脒、红汞、甲酚皂、维生素C、口服葡萄糖、阿司匹林、安比林、非那酊等。

同时，灾区制定防疫工作计划，要求各基层机构建立相应的防疫组织，贯彻"以防为主"的方针，实行军民结合、专业队伍与广大群众结合，采取综合措施，把瘟病消灭在萌芽期。

国家有关单位调拨的防疫药品与器材

表 6-7

器材与药品	数量	器材与药品	数量	器材与药品	数量
喷雾消毒车	31 台	汽油与手动喷雾器	1900 多架	家用喷雾器	5 万件
漂白粉	363.6 吨	可湿性 666 粉	416.0 吨	杀螟松	26.6 吨
来苏水	126.1 吨	敌敌畏乳剂	244.0 吨	敌百虫	24.0 吨
哈拉宗片	36.7 吨	滴滴涕乳剂	84.0 吨	二线油	8.0 吨
氯胺丁	6.0 吨	马拉硫磷	34.8 吨	敌敌畏油剂	3.0 吨
绿菊喷射剂	1.5 吨	百治屠	0.5 吨	疫（菌）苗	1500 万人份

注：1. 表中的数据是 1976~1977 年的累计值；2. 疫苗、菌苗包括伤寒菌苗、流行性乙型脑炎疫苗、流感疫苗、霍乱疫苗以及麻疹、小儿麻痹、白百破、牛痘疫苗等。

防疫灭病的重要措施是：①保护水源，饮用水消毒。唐山市区的固定水源由部队保护，并定时消毒；流动送水车和家用水缸、水桶消毒。提倡饮用沸水，注意饮食卫生。②清尸防疫。唐山市成立清尸防疫办公室。唐山市区组建清尸队。唐山市中区清尸52410 具。③药物杀灭蚊蝇。药物杀灭蚊蝇的办法是"天上喷，地上撒，家家户户都扑打"。④普遍接种疫苗、菌苗。震后最初的几天内唐山地区接种了 80 万人份的伤寒菌苗和 20 万人份的流行性乙型脑炎疫苗。此外还接种了 1345 万人份的疫（菌）苗，有效地控制了传染病的发生与流行。⑤及时医治传染病患者。发现传染病苗头后，采取有效措施控制传染源，堵塞传染途径，保护易感人群，传染病患者早日康复。⑥大力改善环境卫生。

由于采取了以上各种措施，在较短的时间内抑制住了肠炎、痢疾的蔓延，震后一个月左右城乡的患病率降低到 3%~5%，到 9 月份恢复到常年水平，大灾之后无大疫。

6.3.2 转运重伤员到外地治疗

支援唐山灾区的和灾区的医务人员以高尚的医德、精湛的医术"救死扶伤"，把数以十万计重伤员转运到安全的医院治疗，完成了灾害医学的院外医学任务。

唐山灾区重伤员转运到全国十多个城市治疗（见表 6-8）。

运往外省、市的大多是危重伤危状态；有的已经严重感染或产生了大面积褥疮；而且伤员数量大，每个医院的灾害医学任务都比较繁重。不少接收伤员的医疗机构，在医疗组织、管理和规章制度上，采取了重要措施。例如，建立灾害医学协作片，利用协作片内集体的灾害医学资源医治伤员；在医院内部，打破科室和医护界限，统一编组，分工合作，形成由多学科医务人员构成的医疗群体，产生医务人员的群体医疗优势，取得了良好的医疗效果。许许多多危重伤员转危为安，康复出院。在外省市医治的 105589 名伤员中，死亡913 名，占伤员总数的 0.87%。各省、市医疗机构的服务精神和医务人员的高尚医德给伤员留下永生难忘的印象。

唐山地震转运的重伤员在各省市的分布   表 6-8

地区	人数	地区	人数	地区	人数	地区	人数
辽宁省	19828	山东省	14034	陕西省	9083	湖北省	1516
安徽省	16457	河北省	11682	山西省	4773	京、津、沪等	311
河南省	14329	吉林省	10233	江苏省	3353	（合计）	（105589）

向外地转运重伤员主要通过航空、铁路、公路运输。

在中国人民解放军空军部队和中国民用航空公司的全力支援下，震后第四天、第五天（7月31日和8月1日）利用唐山飞机场分别外运重伤员1200名和2260名，到8月5日累计空运重伤员10820名。在整个空运过程中，共动用飞机474架次，运送重伤员20734名。此外还调动直升机90架次，把交通拥堵地区的950名重伤员转运到唐山军用飞机场，再运送到外省、市救治。100多名医务人员组成了空运医疗护送组，主要职责是检查伤情、途中护理、抢救，协助伤员登机、下机，向收治的医疗机构介绍伤情等。

通坨铁路恢复通车较早，且可以经北京运送到多个省市的一些城市。因此，首先安排运送玉田、丰润两县（靠近通坨铁路）的重伤员。在铁道部的全力支援下，7月31日组成了4列卫生列车。从8月1日开始首先在石家庄火车站与丰润火车站之间对开卫生列车。每列卫生列车运送重伤员350～400名。到8月5日卫生列车共运送重伤员7250名。卫生列车共运行159列，运送重伤员72800多人。在卫生列车上，每节车厢安排3～5名医务人员，负责伤员登车的准备与指导，运送途中的救治与护理，决定难以运送到目的地的危重伤员是否在沿途火车站下车送当地医院急救，与收治的医疗机构介绍每个伤员的伤情与医治的情况等。

短途的利用汽车（含救护车）转运。而且，汽车转运一般和飞机、火车运输相结合（见图6-4）。

图6-4　汽车、火车、飞机联合转运示意图

汽车、火车、飞机3种转运方式中，飞机速度快，且不受地面道路堵塞的影响，只是灾区和接收重伤员的城市必须设有飞机场，而且受恶劣气象条件的影响。飞机场不仅仅是军用、民用的大型飞机场，也包括直升机坪。城市（包括县城）制定防灾规划时，宜规划建设直升机坪，供灾时转运重伤员。

还应当指出，为了顺畅地转运重伤员，还设置了"兵站医院"和后勤工作站。转运途中的救治是就近救治的延续，也是重伤员安全到达目的地的重要医疗保障。为此，开设卫生列车后，先后在唐山、丰润、玉田、唐山、丰南、秦皇岛火车站设立了"兵站医院"，目的是集中收治、转运重伤员，医疗队担任治疗与护理，地方政府负责后勤供应。

为了保障卫生列车的物资供应，河北省抗震救灾后勤指挥部在保定、石家庄、沧州、邯郸等火车站设立了后勤工作站，卫生列车到站后，协助补充医药和生活用品，安排伤情极为严重、难以到达目的地的危重伤员下车去当地医院抢救，处理途中死亡者的善后事宜。

唐山地震后总结了急救灾害医学的经验教训。其要点择录如下：

（1）紧急救援对于减轻地震灾害造成的人员伤亡意义重大，改善紧急救援工作对于提高救活率还有很大潜力；受唐山地震紧急救援的启示，城市应建立地震灾害紧急救援突击队并配备专门的搜索与救生装备；紧急救援需要各种先进的技术装备。

（2）为减少重大地震灾害人员伤亡，物质救灾与精神救灾并举；尽力维护和强化生存条件；提高人的生存能力是防御和减轻地震灾害的重要途径；加强地震灾害的社会学研究。

（3）急救是以地震灾害发生为起点，以急救人命为核心的初步救灾活动，时间虽然较短，但在整个抗震救灾中却居特殊的、重要的地位；紧急救助阶段的成功与否对后续各个阶段的救灾工作将产生深远影响。

（4）突出第一天，重视第一天，充分利用第一天，能有效挽救更多的濒危、危重患者；紧急救援阶段的急迫性主要表现在扒救被埋压的灾民与伤员的救护，时间就是性命，效率就是性命，有效的急救是重伤者性命的保障。

（5）飞机运送伤员安全，飞机是"快速的空中担架"、"空中病房"，危重患者可以及时得到医疗处置；城市应制定抗震救灾空运伤员预案，医护人员要进行检伤分类、机上医疗救护和空中适应性训练；城市宜储备伤员急救的设施、药品、救护工具等。

（6）急救灾害医学特别重视时效性，推崇早期识别、早期干预，要在第一时间发现并判断出威胁患者生命安全的隐患给予及时处理；急救灾害医学的服务对象都是急需医学帮助的濒危、危重患者，在"黄金时段"急救救治可以最大限度地提高救活率。

6.3.3 其他灾害

（1）邢台地震

共震亡8064人，重伤9492人。震后，支援灾区的医务人员7095人，建立29个战地医院，35个手术点，并组成了若干个巡回医疗队。医治、救护伤病员的程序是：在扒救现场给伤员止血、消毒、包扎处理和伤势分类，战地医院收容部分重症患者；并通过飞机、汽车、卫生列车，把部分重伤员转运到石家庄、邯郸等地；巡回医疗队巡回医治分散在灾区的伤病员。

震后，震区发现流脑、麻疹、肠炎、痢疾等传染病。改善饮水条件，加强粪便管理，消灭蚊蝇以及注射疫菌疫苗，病人隔离治疗等措施制止了传染病蔓延。

（2）汶川地震

在急救灾害医学阶段的第一天内，重灾区设置了临时救治站（点）或帐篷医院，据不完全统计，在"黄金72小时"，重灾区的县医院救治伤员28340人，住院伤员2520人；转运至成都各级医院的灾区伤员13704人，占震后1个月转入伤员数的86.30%，其中危重伤员1512人（11.03%）。

震后第2天，四川省卫生厅要求各灾区迅速建立现场救治点，做好伤员检伤分类处理，建立现场救治站（点）——就近医院——县级医院——市级医院——省级医院转送的救治网络，明确各灾区伤员的转运路线和目的地。四川省收治伤员的医院350多家，其中卫生部直接管理和省直属医院14家，市（州）医院42家，县（市、区）医院150多家，乡镇卫生院90多家，解放军和武警部队医院5家，工矿、民营医院40余家。重灾区还建立部分野战医院。

卫生部制定了《汶川地震现场检伤方法和分类标准》。把伤员划分为濒危、危重、轻伤、死亡 4 类：第一类，创伤极其严重，必须及时治疗方有生存机会（气道阻塞、休克、昏迷、颈椎受伤、导致远端脉搏消失的骨折、外露性胸腔创伤、股骨骨折、外露性腹腔创伤、超过 50% Ⅱ～Ⅲ 度皮肤的烧伤、腹部或骨盆压伤）；第二类，有重大创伤，但可短暂等候而不危及生命或导致肢体残缺（严重烧伤、严重头部创伤但清醒、颈椎之外椎骨受伤、多发骨折、须用止血带止血的血管损伤、开放性骨折）；第三类，可自行走动及没有严重创伤，其损伤可延迟处理，大部分可在现场处置而不需送医院（不造成休克的软组织创伤、小于 20% 的 Ⅱ 度及其以下烧伤并不涉及机体或外生殖器、不造成远侧脉搏消失的肌肉和骨骼损伤、轻微流血）；第四类，死亡或无可救治的创伤（死亡明显、没有生存希望的伤者、没有呼吸及脉搏）。这为伤员类别界定、分流、治疗、护理等提供依据。

汶川地震救治伤员 1 万人以上的外省市医院和医疗队如表 6-9 所示。

救治伤员 1 万人以上的外省市医院和医疗队　　　　　　　　　　表 6-9

省市	医疗队灾区救治		各省市医院接受的转运伤员人数
	伤员人数	危重（重）伤人数	
上海市	60665		326
福建省	30498		456
北京市	24175	2973	91
广东省	16778	555	956
天津市	11346	1396	83
陕西省	10936	1768	254
重庆市	10600	400	2297

（3）景谷地震

景谷地震震亡 1 人，伤 324 人，其中重伤 8 人。景谷县的各医院、位于震中的太平镇中心卫生院以及芒腊村等村庄的卫生室震害较轻，是地震伤员医疗中心或救治点。仅地震次日就有 260 多名医务人员到达灾区。由于伤员特别是重伤员比较少，灾区医疗机构依然有震前的医疗基本功能，又有来自外地的医务人员、医疗设施与药品的支援，伤员都得到及时医治，且部分重伤员转移到异地医疗条件更好的医院治疗，没出现伤势恶化和伤员死亡。

在紧急救援阶段，景谷地震灾区开展了卫生防疫工作。震后的前 5 天，国家、省、市、县共投入防疫人员 160 人；在灾区设立 31 个症状监测点，监控传染病疫情；现场喷洒药物消杀，预防传染病发生与流行；督导检查环境卫生、饮用水卫生及食品卫生；以学校为重点进行传染病发病风险、问题及隐患排查；加强健康教育，提高群众的防病意识和自我防护能力；组织卫生防疫专家对灾区进行疾病流行风险评估；为避难群众提供健康咨询，发送健康宣传材料，通过广播宣传震后健康防病知识。由于防疫措施及时、有效，防疫力量（防疫人员、防疫设施与药品）充足，群众有防疫意识，灾区没有发生疫情。

（4）盐城龙卷风

2016 年 6 月 23 日下午，江苏省盐城市阜宁、射阳发生重大龙卷风冰雹灾害。据灾后第 4 天（26 日 16 时）统计，死亡 99 人，伤 846 人，其中重伤 20 人，已出院 107 人。在"黄金 72 小时"内完成了伤员院外急救灾害医学活动，进入院内医治阶段。

灾害发生后，江苏省卫计委各级部门实施卫生应急响应。从盐城市、响水县、滨海县等地调集 70 余辆救护车转运伤员，盐城、阜宁、射阳等市县 35 家医疗机构收治伤员。国家和江苏省近 50 人在盐城灾区巡诊、救治和指导。同时，从盐城市第一医院等 6 所三级医院抽调 16 名临床专家、20 名护理骨干，赴灾区急救。

指定盐城市第一医院为重症救治医院，该院动态分析评估危重症者的病情，为每位危重症者各配备一个医疗工作组制定急救方案。

灾害发生后，成立省、市、县灾后卫生防病工作组，制定防疫预案。并要求居民注意饮食卫生、饮水卫生、环境卫生。传染病防控国家应急队携带防疫设施和药品赶赴现场，迅速开展防疫工作。

江苏省人民医院派出康复专家赶赴灾区，开展康复急救。启动血液应急保障预案，盐城市居民积极献血，苏州、无锡等城市血液中心血液储备充分，根据盐城供血需求，随时做好调剂。

龙卷风与冰雹都是地域局限性较强的灾害，尽管盐城市龙卷风冰雹灾害的灾区灾情异常严重，死亡人数比较多，但灾区地域范围小，周边的急救灾害医学资源没有破坏，和重大地震灾害比较，更易于实施急救灾害医学。地震灾害与龙卷风冰雹灾害的灾区地域比较示意图如图 6-5 所示。

图 6-5　灾区地域比较示意图

盐城市龙卷风冰雹灾害发生后，灾区周边的县镇立即开展急救，在"黄金 24 小时"到"黄金 48 小时"的时间内，救援物质、志愿者已经满足灾区的需求；伤病员也从院外急救转运到院内治疗。这从一个侧面说明，平时城市储备适量的和灾时有效利用邻近灾区的急救灾害医学资源，对于提高急救时效起重要作用。

特别应当强调指出，唐山地震实施急救灾害医学的经验，对于其后发生的许多重大灾害都有极为重要的参考价值。也可以说，唐山地震创建了急救灾害医学的程序性模型，为后来的重大灾害急救灾害医学程序化奠定了基础。

6.4　灾害弱者与急救灾害医学

灾害弱者是不能或难以获取、传递灾害情报，在本人人身安全受到即将发生的重大灾害及其次生灾害威胁时，没有察觉能力或察觉困难，即使有察觉也不能或难以采取适当的避难措施。灾害弱者是城市承灾脆弱性群体，大致归纳为 3 种脆弱性，即接收、传递、理解、处理灾害情报的脆弱性；躲避灾害、避难、自力生活的行动脆弱性；重灾环境、避难条件的适应脆弱性。

从急救灾害医学的角度看，灾区的居民可以划分为 4 个类型：健康者、伤者、灾害弱者和遇难者。健康者、灾害弱者灾前已经存在，伤者和遇难者是灾害产生的两个新的人群。灾后，除遇难者，其余 3 个类型的人群都应有基本生活条件和防疫条件保障，但伤者和灾害弱者中的一部分病者、残疾者还必须有医疗条件保障，遇难者的尸体有可能成为传染病源，应采取防疫措施（见图 6-6a）。也就是说，急救灾害医学的服务范围不仅包括伤病者，还必须给灾害弱者中的一部分人提供急救医疗、护理保障。显然，急救灾害医学对上述 4 个类型的人群都起重要医学作用——保护健康者，治愈伤者，接续灾害弱者灾前已有的医疗与护理，确保大灾无大疫。重大灾害发生后，上述 4 个类型的人群数量可能发生变化（见图 6-6b）。尤其是伴生严重次生灾害，遇难者人数有可能增加。

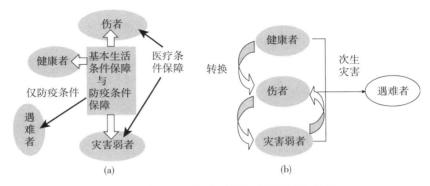

图 6-6　灾区居民的类型及其救援需求与转换

6.5　我国急救灾害医学的几点思考

6.5.1　急救灾害医学的急救功能及其充分发挥路向

急救灾害医学的基本医学特征是急救。所谓"急"，是急需诊断，急需治疗，急需挽救濒危、危重伤病患者的性命——"救"。"急"的目的是"救"。只有"急"才能提高救活率，降低死亡率，急救于危难之中。

重大灾害发生后，灾区城市内的和支援灾区的医务人员携带急救医学设施和药品应当紧"急"奔赴灾害现场，实施急救任务——早诊断，早处置，早治疗，早护理，早转运到医院医治。对于濒危、危重伤病患者而言，急救可以驱走死神，保全性命。

急救灾害医学起源于战争现场急救伤员，后来延伸到重大自然灾害急救濒危、危重患者。主要适用于灾害突发后的初期（包括紧急救援阶段）。

由于急救灾害医学应对的是短时间、集中性突现的大量伤员，且重灾区的医学资源的供需平衡遭受严重破坏，伤员伤情繁杂，医治难度大，医治时间紧迫，因此重大灾害条件下的急救，难度大，任务重，有"救死扶伤"之重托，起死回生之众望。医务人员应当通晓医学急救学的学科理论，积累比较丰富的急救实践经验，并组成多学科的医务人员急救团队，通力急救——现场急救、转运途中急救（院外急救）和院内急救，还应配备急救必需的医疗设施、药品、运输工具。

为了有效发挥急救灾害医学在重大灾害中的急救功能，城市医疗系统应有计划地开展急救灾害医学教育，培养适量的急救灾害医学人才，教育内容包括医学急救学的基础理论，医学急救的实践经验与教训，重大灾害的急救灾害医学实证分析，核心是如何"急"，怎样"救"，如何提高救活率，怎样减少残疾率；而且城市有关部门应通过多种途径储备灾时必需的医学急救设施与药品，彻底改变灾后缺医少药的困境，和城市医药商店等签订灾时供应合同，是确保医学急救设施与药品的一条重要途径；城市政府部门必须高度重视城市急救灾害医学建设，通过城市防灾减灾规划等手段储备重大灾害必需的急救灾害医学资源（人力、物力与技术），并统筹协调，为灾时充分发挥急救灾害医学功能创造条件。

灾害医学的功能贯穿灾害预防、紧急救援、恢复与重建4个阶段。急救灾害医学则主要发生在灾害发生后的初始阶段，但其功能与灾害预防、恢复与重建阶段的灾害医学功能密切相关。灾害预防为发挥急救灾害医学功能奠定医学资源基础，急救灾害医学功能的充分发挥又对恢复与重建阶段的灾害医学建设起重要推动作用。

6.5.2　正视我国急救灾害医学的发展与现状

1. 惨痛的教训

新中国成立前的大多朝代国贫民穷。一些重大灾害后，不可能实施灾害医学、急救灾害医学救援，往往造成极为惨痛的恶果。1917年、1925年云南省先后突发两次重大地震灾害，"斯时也，生者无食，死者无殓，伤者无药"；1556年华县地震，灾后当地政府无力救援，国家救援极为迟缓、救援财物杯水车薪且救援的地域不在重灾区。"军民因压、溺、饥、疫、焚而死者不可胜计，其奏报有名者83为有奇"，是目前为止世界上死亡人数最多的地震灾害。

2. 有比较才有鉴别

通过对唐山地震、汶川地震、景谷地震和盐城市龙卷风冰雹灾害的急救灾害医学实证研究以及对表6-1其他地震灾害紧急救援情况的考察，重大地震灾害后都派遣医疗队、调拨医疗设施与药品支援灾区，并把部分重伤员转运到非灾区医院救治。应当说，我国重大地震灾害后，成功实施急救灾害医学已经程序化。即各级抗震救灾指挥机构和地震灾害管理者、研究者熟知，必须立即派遣医疗队、调拨医疗设施与药品支援灾区尤其是重灾区。在上述重大地震灾害中，挽救了大量濒危、危重患者，没有爆发瘟疫；在实施急救灾害医学的过程中，能够做到灾民有饭吃，有干净水喝，有衣物御寒遮体，有避难场所栖身，伤病者得医有药。与新中国成立前的一些地震灾害惨状形成鲜明的对比，真可谓"新旧社会两重天"。有比较才有鉴别。这从一个侧面清晰地看出，近70年来，我国急救灾害医学在抗震救灾实践中取得了显著进展。这是不容置疑的事实。认为我国急救灾害医学落后的观点值得商榷，发达国家不是什么都发达，发展中国家不是什么都落后。

3. 我国急救灾害医学的研究状况

（1）关键词分析

以中国知网为文献源，急救灾害医学为主题词，共检索到相关信息331条（检索时间2016年6月23日），随机选择其中的162条，统计各条的关键词及其次数。统计结果如表6-10所示。

关键词及其次数

表6-10

关键词	次数	关键词	次数	关键词	次数	关键词	次数	关键词	次数
灾害医学	66	医学救援	58	灾害护理	17	教育	15	装备	8
心脏复苏	20	救援队	20	检伤分类	11	急救	27	急诊	13
应急	13	医务人员	15	卫生	16	灾害	31	紧急	6

关键词	次数	关键词	次数	关键词	次数	关键词	次数	关键词	次数
医疗	23	伤（病）情	10	院前急救	5	医院	8	临床	7
医学	11	其他	37					（合计）	437

注：表中的关键词大多含多个关键词，例如：医学救援含医学救援、医疗救援；灾害护理含灾害护理、护理、护理专家、护理人员、护理学、护理救援、护理界、护理教育；教育含医学院校、医学专业人才、培训中心、教育体系建设、临床医学教育、医学教学改革、教育机制、教学、继续教育；装备含医疗急救装备、大型移动医疗急救装备、急救与危重医学装备、医疗设备支持、装备编配；救援队含中国国际救援队、救援部队、旅团卫生队；急救含整合急救医学、急救医学、急救复苏、急救技能、现代急救、急救医学服务、急救网络；急诊含急诊医学、基层急诊急救人员、急诊医学、急诊科、急诊治疗；检伤分类含伤员分类、伤情特点、挤压伤、骨折、复合伤、成批伤；医务人员含医疗人员、临床医务人员、护士、麻醉科医生、急救人员；卫生含公共卫生、卫生应急、卫生勤务、卫生防护、卫生服务、突发公共卫生事件；灾害含灾害学、地震、冰雪灾害、台风、人为灾害、灾害现场、灾害应对；紧急含紧急救治、紧急救援、紧急救护；医疗含医疗保健、医疗急救、医疗体系、医疗网络、城市医疗、医疗救援；伤（病）情含危重救护、危重急症、危重病、心血管病、重伤员、脓毒症；医院含军队医院、武警医院、野战医院、当地医院；临床含临床医学工程、临床医学、临床思维、临床医生、临床工作经验；医学含医学原理、灾难医学、中西医结合、急救医学、医学学科、军事医学、海军医学。

由表 6-10 可以看出：

从总体上看，关键词反映了急救灾害医学的学科形象。急救、急诊、应急、紧急等带"急"的关键词 59 次，占总次数（437 次）的 13.5%；灾害医学、灾害与医学 290 次，占总次数的 66.4%；教育、卫生与救援队 51 次，占总次数的 11.7%，合计占 91.6%。其他的 37 条，也大多与灾害医学有关。

研究内容包括我国重大灾害特别是重大地震灾害（唐山地震、汶川地震等）急救灾害医学的实践经验与理性升华，实施急救灾害医学的路向、方法、措施及其展望，国内外灾害医学的发展动态等。

表 6-10 中，没有 1 个关键词是急救灾害医学。急救灾害医学的建立始于世界急救医学和灾害医学联合会的成立，应当是急救医学与灾害医学形成的新的学科，而且急救是学科的核心。即使是灾害医学，我国也有不同的称谓，例如：灾难医学、救援医学、紧急灾害医学、灾害紧急医学、急救灾难医学等。从学科属性上看，宜称急救灾害医学。

急诊科是医院的重要科室，属院内医学。而灾害现场、转运途中的急诊，与院内医学的急诊相比，诊断的条件差、难度大，实效性强。

伤（病）情的关键词含危重救护、危重急症、危重病、重伤员、脓毒症、心脏复苏、心血管病等，都属急救灾害医学的急救范畴。关键词心脏复苏 20 次，是急救灾害医学急救的典型示例，世界急救医学和灾害医学联合会的主席是现代心脏复苏医学的创始人。

（2）灾害医学信息的时间分布

前述的 331 条灾害医学信息的时间分布如表 6-11 所示。

信息的发文时间分布　　　　　　　　　　　　　　　　表 6-11

时间范围	2011~2015 年	2006~2010 年	2001~2005 年	1996~2000 年	1990~1995 年	1986~1989 年	备注
条数	101	143	45	23	14	5	中知网收录的最早发文为 1986 年

分析表 6-11 可知，我国灾害医学的研究工作，起步较晚，是在世界急救医学和灾害

医学联合会成立 10 年之后。但研究成果有随时间推移逐步增加的趋势，最近 10 年 200 余条，1996~2005 年 68 条，再以前的 10 年 19 条。

（3）学术机构与学术带头人

2001 年我国成立中国灾害防御协会救援医学会，对我国急救灾害医学的发展具有标志性意义。2003 年成立中国医师协会急救复苏专业委员会，其与中国灾害防御协会救援医学会有力地促进了我国救援医学的快速发展。2016 年成立了中国灾害防御协会地震紧急救援专业委员会，表明重大地震灾害急救在紧急灾害医学中的突出作用。急救灾害医学研究领域的学术组织有效地推动了我国该学科的科学研究、学术研究、体系建设、专业教育以及国际合作，也是急救灾害医学成学科的重要标识。

《中国急救复苏与灾害医学杂志》、《中国急救复苏与灾害》、《中国危重病急救医学》等中文期刊为广大急救灾害医学工作者提供了发表重要研究成果的学术园地。

在急救灾害医学的众多研究者中，中国灾害防御协会救援医学会会长李宗浩教授，研究成果丰硕，学术影响力高，在急救灾害医学领域提出了一些颇有见地的理念。他认为：急救社会化，结构网络化，抢救现场化，知识普及化，必将成为 21 世纪中国救援医学发展的原则和趋势；传统的由医疗部门办急救的状况正在发生着剧烈的松动甚至裂变；观念的转变，必将带来一系列相应的知识技能、组织结构、实施运作、管理模式的重大变革；中国与国际社会救援事业必须接轨，相互学习，共同发展。多年来，他出版了《中国灾害救援医学》、《现代急救医学》、《现代救援医学》、《冠心病的急救与监护》、《第一目击者——一个急救医生的手记》、《紧急救护》等专著多部，在我国期刊上发表学术论文数十篇，其中被引频次（截止 2016 年 6 月 23 日）超过 100 次的 3 篇，在急救灾害医学领域名列榜首。

（4）学术著作

以急救灾害医学为检索词，中国国家图书馆的馆藏为文献源，检索到图书 19 部，其中的 12 部如表 6-12 所示。

此外，一些重大灾害的专著，例如：《唐山大地震震后救援与恢复重建》、《地震灾害应急救援与救援资源合理配置》等也把重伤员的救援、紧急救援作为重要内容。

急救灾害医学部分专著   表 6-12

著者	书名	出版社	出版时间	著者	书名	出版社	出版时间
李宗浩	中国灾害救援医学	天津科技出版社	2013	魏中海	灾害医学救治技术	科学出版社	2009
麻晓林	灾害医学	人民卫生出版社	2010	张鸿祺	灾害医学	北京医科大学、中国协和医科大学联合出版社	1993
谢苗荣	灾害与紧急医学救援	北京科技出版社	2008	徐如祥	地震灾害医学	人民军医出版社	2009
凌斌	急诊与灾害医学	江苏科技出版社	2012	肖振中	突发灾害应急医学救援	上海科技出版社	2007
郑静晨	灾害救援医学	科学出版社	2008	王庭槐	现代灾难医学	中山大学出版社	2011
岳茂兴	灾害事故现场急救	化学工业出版社	2006	陈锐	地震医学概论	军事医学科学出版社	2010

这些专著总结了几十年来国内外的主要研究成果，论述了急救灾害医学的起源、发展脉络、现状与展望；在总结丰富的实践经验基础上，提炼出学科的理论框架与体系，其源于实践又指导实践，为急救灾害医学的健康发展奠定理论基础并为学科延伸指明路向；对

唐山地震、汶川地震等重大地震灾害的急救医学实践进行实证研究，重大灾害后实施急救灾害医学有程序化的趋势；提出来了诸多有真知灼见的理念、观点、方法、措施，有提高急救效果，促进学科发展之功效等。其中，《中国灾害救援医学》以现代社会社区常态下的急救急诊和突发灾害时各种伤害的救治为主要内容，立足于现场环境开展急救，在医学监护下将伤病人员送往医院，随后在医院内接受全面的救治。从"第一时间"、"第一现场"展开急救，到迅速地连接至医院的程序，能最大限度地保护伤病人员的生命安全、身体健康，有效提高抢救成功率。体现了急救灾害医学在现场、途中、医院的系列救治特征。

（5）对急救灾害医学的几点认识

其一，关于学科名称

世界急救医学和灾害医学联合会的成立是学科名称的起源。如图6-7所示，从学科形成的角度看，急救医学与灾害医学互融、互用，相互渗透，互相交叉，产生了新的学科——急救灾害医学。灾害是实施急救医学的原因与环境，在极短的时间内城市因灾产生大量濒危、危重患者，城市的医疗资源遭受严重破坏，急需人力、物力、技术支援，并有部分患者需转运到外地医院治疗；急救是在这种困难的环境下实施的医学行为，为挽救濒危、危重患者，必须紧急诊断、紧急治疗、紧急护理、紧急转运到医院继续诊治。

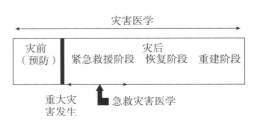

图6-7　急救灾害医学与灾害医学适用时间范围比较图

急救灾害医学只是灾害医学的一部分（见图6-7）。即灾害医学适应于预防、紧急救援、恢复与重建4个阶段，而急救灾害医学只适用于重大灾害发生后的初期（包括紧急救援阶段）。因此，灾害医学≠急救灾害医学，且紧急≠急救，故宜称急救灾害医学。

其二，急救灾害医学应纳入城市防灾减灾规划

灾害医学和急救灾害医学都是年轻的学科，许多城市的防灾减灾规划尚无这些学科的理念。在编制城市防灾减灾规划时，应当吸收比较熟悉这些学科且有实践经验的医生参加。规划中明确在防灾减灾的4个阶段中，如何有效发挥灾害医学的功能；在重大灾害发生后的初期，城市规划怎样体现急救灾害医学的急救——医务人员奔赴灾害现场"急"，灾害现场与转运途中医疗设施与药品供应"急"，伤病员特别是重症患者的诊断、治疗、护理"急"，从院外医学向院内医学的转换"急"（见图6-8）。

规划的时间范围包括两部分，即院外部分与院内部分。院外部分的规划内容包括医务人员的配备、引进、培养、教育，医疗设施与药品的储备、启用，提供院外向院内转运交通工具的预案，组织由城市灾害管理部门、医务人员、城市居民、社会各界广泛参加的急救灾害医学教育与演习等；院内部分则需规划实施院内医学的医院及其医务人员、医疗设施与药品、接收、诊治、治愈出院的程序等。在城市防灾减灾规划中，还应当明确急

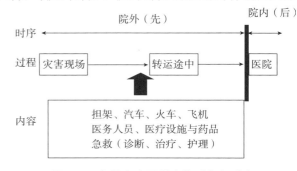

图6-8　急救灾害医学实施过程与时序

救灾害医学的实施体制、原则、措施、程序与急救培训与教育等。

其三，支援灾区的医务人员的定量估算

一次重大地震灾害发生后，灾害管理与指挥部门必须在较短的时间内作出决策：向灾区派遣多少官兵、多少医务人员。派遣少了不能满足需求，多了则造成人力资源浪费，且给灾区增加负担。

在专著《地震灾害应急救援与救援资源合理配置》中，笔者提出了以支援灾区部队人数为基础的估算方法。该方法的依据是唐山地震、汶川地震、芦山地震紧急救援的实证研究。

估算的方法是在支援灾区部队人数的基础上，乘以小于1的修正系数 ζ。

设紧急支援灾区的部队人数为 A 万人，$A = KD$，$K = \alpha\beta\gamma\delta\varepsilon$。

式中　α——地震烈度修正系数；

β——重灾区人口密度修正系数；

γ——重灾区人口修正系数；

δ——建筑抗震设防水准修正系数；

ε——特定需求修正系数。

则紧急支援灾区的医务人员的人数 $A_1 = \zeta\alpha\beta\gamma\delta\varepsilon D$

①城市直下型地震

$\zeta = 1/5 \sim 1/4$（唐山 1/5），$A_1 = 10(0.2 \sim 0.25)K = (2.0 \sim 2.5)K$

②山地地震

$\zeta = 1/4 \sim 1/3$（汶川地震 1/3；芦山地震近 1/2，震亡 210 余人，重伤近 900 余人，1.1 万医务人员）$A_1 = 10(0.25 \sim 0.33)K = (2.5 \sim 3.3)K$

6.6　急救灾害医学是重大地震灾害救援要素系统不可替代的组成部分

依据唐山地震、汶川地震、芦山地震等重大地震灾害紧急救援的实证研究，成功地完成一次重大地震灾害的急救任务，必须形成灾害救援要素系统（见图6-9）。

重大地震灾害救援要素系统是灾后紧急救援必需的各种影响因素的有机组合，包括3个子系统，即救援组织系统、救援资源（人力资源和物力资源）系统和救援对象系统（图6-9a）。完善的重大地震灾害救援要素系统应具有图6-9（b）所示的各种要素，且每种要素都具有分工承担的抵御重大灾害的能力，形成各要素共同构建的综合救援强势、快速、持续产生救援效果。唐山地震、汶川地震等重大地震害后都形成了比较完善的救援要素系统，成功地完成急救与救援任务。

图6-9（c）给出了救援对象（含急救对象）与救援（含急救）资源详解图。图中用图框标出了与急救灾害医学相关的内容。由于重大灾害，伤病员和部分灾害弱者丧失医疗条件、防疫条件，必须采取急救措施——灾区内的与灾区外的医务人员必须立即奔赴灾害现场急救，同时供应急救必需的医疗设施、药品以及转运交通工具等，在重大地震灾害条件下，创造医疗条件、防疫条件。

由图6-9可以看出：

医务人员、医疗设施与药品是重大地震灾害救援要素（含伤病员急救）系统的不可替代的组成部分。换言之，在重大灾害条件下，灾区只要有伤病员，只要采取防疫措施，急救灾害医学就是必须有的灾害救援要素。而且，其他的救援要素不能替代。城市灾害管理部门、防灾减灾规划部门、医药卫生部门必须以这样的高度认识急救灾害医学在重大地震灾害紧急救援活动中的功能与作用。从而高度重视急救灾害医学人员的配置、培养、引进，形成"召之即来，来之能战，战之能胜"的城市急救灾害医学人才队伍；城市应储备急救必需的医疗设施与药品、防疫设施与药品、转运重伤员的交通工具等，并能快速到位，满足急救需求。

重大地震灾害紧急救援要素系统由多要素组成。急救灾害医学的顺畅实施，取得显著效果，有赖于救援组织系统的正确领导、科学指挥，人力资源与物力资源的适量储备、合理调拨、快速到位，全国军民的鼎力支援，基本生活条件的保障等。就急救灾害医学而言，其人力资源与物力资源在灾区的配置应当快速，且整个灾区全覆盖，重点在重灾区；医务人员队伍应当由多学科、有急救经验的医学专家、医生、护士组成；灾区的医务人员身在灾区、熟悉灾区，具有快速参加急救的地域（距离灾害现场近）优势，重大地震灾害发生后应快速奔赴灾害现场，开展医学急救。灾区附近地域的医务人员，做好支援灾区的准备，一声令下立即出发。目前，我国航空、高速公路与高速铁路发达，为医务人员较短时间内到达灾区创造了良好的交通条件。因此，实施急救灾害医学是一个系统工程，应树立"大急救"的理念。

成功实施急救灾害医学需要多种体制。2005年我国成立了国家减灾委员会，到2015年全国27个省、自治区、直辖市成立了减灾委员会或减灾救灾综合协调机构。2013年组建的国家计生委卫生应急办公室（突发公共卫生事件应急指挥中心），主要职责是拟订卫生应急和紧急医学救援政策、制度、规划、预案和规范措施，指导全国卫生应急体系和能力建设，指导、协调突发公共卫生事件的预防准备、监测预警、处置救援、总结评估等工作，协调指导突发公共卫生事件和其他突发事件预防控制和紧急医学救援工作，组织实施对突发急性传染病的防控和应急措施，对重大灾害、恐怖、中毒事件及核事故、辐射事故等组织实施紧急医学救援，发布突发公共卫生事件应急处置信息。

我国一些城市设立急救中心，负责全市突发公共卫生事件和其他突发事件急救工作的管理与指导，并掌握急诊工作情况，负责全市急诊病床的调配使用和全面了解病床使用情况，负责全市急救车的组织调配，组织或担任临时性的救护和集体灾害等急救工作，会同红十字会开展急救训练与宣传教育。急救中心负责急救的指挥调度，组建急救队等；医疗队应配置救护车，救护车内备有急救医疗设施和药品，创造急救的基本条件——现场有医务人员利用医疗设施与药品诊治护理，救护车既是向医院转运的交通工具，又起"移动医院"的作用。重大灾害发生时，在城市救灾组织机构的领导指挥下，城市急救中心依据应急预案组建医疗队奔赴灾害现场急救。

（a）灾害急救要素系统的3个子系统：救援组织系统、救援资源系统和救援对象系统

图6-9　灾害救援要素系统图

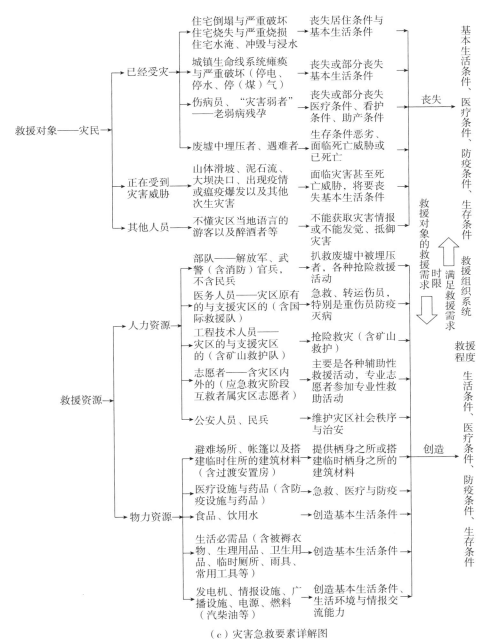

（b）灾害急救要素系统的要素构成图

（c）灾害急救要素详解图

图6-9 灾害救援要素系统图（续）

第七章　环境灾害与防灾

7.1　环境

依据《中华人民共和国环境保护法》的定义，"环境，是指影响人类生存和发展的各种天然的和经过人工改造的自然因素的总体，包括大气、水、海洋、土地、矿藏、森林、草原、湿地、野生生物、自然遗迹、人文遗迹、自然保护区、风景名胜区、城市和乡村等。"

我国唐、宋、元、清等朝代都有环境的记载。基于当时的历史条件，环境意为周围的地方和环绕所管辖的地区。《新唐书·王凝传》："时江南环境为盗区，凝以彊弩据采石，张疑帜，遣别将马颖，解环境危机和州之围。"《元史·余阙传》："抵官十日而寇至，拒却之，乃集有司与诸将议屯田战守计，环境筑堡寨，选精甲外扞，而耕稼其中。"

通常，环境是相对于主体而言。环境防灾学所论及的环境是指以人类为主体的外部世界的总和，即人类赖以生存和发展的各种自然因素和社会因素的综合体。

环境可以分为自然环境和人工环境。

自然环境是对人类生存和发展产生直接影响或间接影响的各种天然形成的物质和能量的总体，如大气、水、土壤、阳光辐射和生物等。这些环境要素构成了互相联系、相互制约的自然环境体系。

人工环境是自然环境基础上经过人工改造的环境，目的是提高人类物质和文化生活水平。例如：城市、乡村、风景游览区等。

7.2　城市环境污染与环境灾害

环境污染触目惊心。摄影师镜头下的环境污染情景如图 7-1 所示。

城市良好的自然环境与人工环境是城市健康发展以及居民安居乐业的基础条件。城市综合防灾减灾必须保护环境。

图 7-1　环境污染触目惊心

浓烟遮日　灾害频发

废水成河　污染环境

垃圾遍地　恶臭熏天

图 7-1　环境污染触目惊心（续）

7.2.1　城市环境污染

城市环境污染示意图如图 7-2 所示。

该模型图表明，城市环境的污染物既来源于城市自身排入城市环境的废水、废气和固体垃圾 A（工业废渣、固体废弃物、生活垃圾等），也来源于城市环境的外围环境入侵城市环境的污染物 B（废水、废气、沙尘等）。城市环境污染来自上述两个方面的污染物。城市环境中的污染物还有一部分（C）传递给城市环境的外围环境。因此，城市环境积累的污染物＝A+B-C。

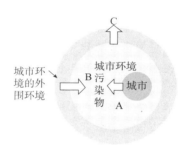

图 7-2　城市环境污染示意图

城市环境保护应当依法减少城市自身的污染物排放量，同时还要考虑外围环境的干扰。

依此模型，城市环境污染可定义为：城市环境积累的污染物（A+B-C），超过其自净（风吹、雨淋、扩散、分解等）能力，突发性或积累性造成城市环境恶化，从而危害市民健康和城市可持续发展的现象。

7.2.2　城市环境污染的突发性与积累性

城市环境污染与城市环境灾害的模型如图 7-3 所示。该模型表明，从环境污染演变成环境灾害有以下两条途径。

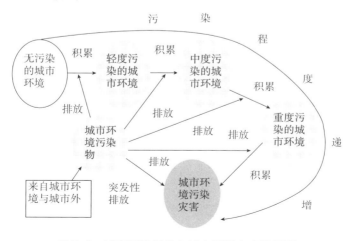

图 7-3　城市环境污染与城市环境灾害的模型

（1）积累性成灾

随时间推移，城市污染物逐步积累，即从无污染→轻度污染→中度污染→重度污染，到发生城市环境污染灾害。例如：1930年12月初，比利时马斯河谷工业区的烟雾事件，是因工业区内炼油厂、金属厂、玻璃厂的13个大烟囱排出的烟尘无法扩散，大量有害气体积累在近地大气层，一周内有60多人丧生，其中心脏病、肺病的死亡率最高。又如：伦敦烟雾事件，1952年以来，伦敦发生十多次重大烟雾事件，燃煤排放的粉尘和二氧化硫积累成灾，仅1952年底的一次烟雾事件，5天内死亡4000多人。

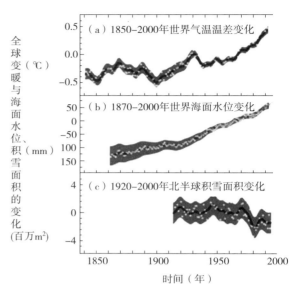

图7-4 全球变暖的温差、海面水位、积雪面积变化图

由于大气污染物的逐年积累，引发全球气候变暖（见图7-4）。分析该图可知，100多年来，全球平均温度上升约0.8℃；海面水位升高100mm以上；80年来北半球积雪融化数百万平方米。

积累性的环境污染引发全球变暖给人类提出诸多挑战。其中包括：重大气象灾害增加，据统计，20世纪90年代全球发生的重大气象灾害比19世纪50年代多高5倍，年均经济损失明显增加；与全球变暖关系密切的洪涝、干旱、沙尘暴等发生频率和强度日益增加，灾害损失更加惨重；冰川与冻土面积逐步缩小，危害耐寒动植物的生存；影响大气水循环，增加降水突发事件；海平面上升，地势低洼的岛国、岛礁和沿海城市深受其害；危害人类身体健康，全球变暖将增加疟疾和登革热等疾病的传播范围，并影响人的精神、人体免疫力和疾病抵抗力等。

积累性的环境污染造成更多人死亡。世界卫生组织（WHO）有许多相关的报告。例如：2016年3月15日的报告称：2012年因大气、水和土壤污染等引起的全球死亡人数预计为1260万人，约占全部死亡人数的23%；死亡最多的是脑中风（250万），其次依次是缺血性心脏病（230万）、意外伤害和癌症（各170万），慢性呼吸系统疾病（140万）。

（2）突发性成灾

核电站核泄漏和毒气泄漏是产生突发性城市环境污染灾害的直接原因。

比较典型的示例是1984年印度博帕尔事件，该年12月初，美国联合碳化公司在印度博帕尔市的农药厂甲基异氰酸脂（剧毒）爆炸外泄，造成2.5万人直接致死，55万人间接致死，另外有20多万人永久残废的惨重灾害。现在当地居民的患癌率及儿童夭折率，仍然远高于其他印度城市。

2011年东日本地震福岛核电站发生核泄漏。附近地域受到核辐射污染。根据核辐射污染的地域分布，把福岛第一核电站半径30千米以内的地域划分为指示避难区域、室内避难区域、避难区域、警戒区域（半径20千米）等。随避难的时间推移，又划分为迁回原有住宅困难区域、限制居住区域、禁止临时归宅区域、解除避难指示区域等。给当地居民带来诸多烦恼、忧虑、担心。截至2015年10月8日，福岛县还有44094人在县外避难。而且有报道认为，核辐射污染已经造成灾区的人员死亡和生物变异。

7.2.3　环境污染与环境灾害发生与治理模型

环境污染与环境灾害发生与治理模型如图7-5所示。

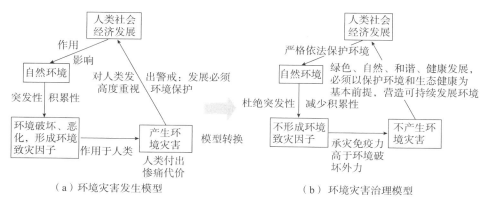

（a）环境灾害发生模型　　　　　　（b）环境灾害治理模型

图7-5　环境污染与环境灾害发生与治理模型

环境污染与环境灾害发生模型中，环境污染与环境灾害的根源是人类社会经济发展。

伴随着发展产生的大量污染物作用、影响自然环境，通过长期积累或突发，造成环境破坏、恶化，形成环境致灾因子，作用于人类，发生环境灾害，人类付出惨痛代价，由此对人类发出警戒：发展必须高度重视环境保护。目前，一些国家特别是发展中国家、贫穷国家依然采用这种模型。如果人类不从警戒中吸取教训，环境污染灾害频发，经济、社会和人类发展必丧失可持续性。而且，伴随严重环境污染、环境污染灾害产生的社会经济发展效益，远小于未来治理环境污染的资源投入。环境污染容易，而减少污染尤其是消除污染、恢复环境原态（未污染时的状态）则非常困难。自然环境对污染物有较大的互混性，像有害气体易于大气混合等，而且顺向混合较易发生，而逆向分离特别是彻底分离难度极大，需要分离技术的支撑，大量人力、物力、财力的投入，分离出的污染物的深度加工等。

必须牢记因环境灾害人类付出的惨痛代价，实现由环境灾害发生模型向环境灾害治理模型的转换。

人类经济社会发展的同时，必须严格依法保护环境。目前，我国已经制定颁布了《中华人民共和国环境保护法》、《中华人民共和国水污染防治法》、《中华人民共和国大气污染防治法》、《中华人民共和国固体废物污染环境防治法》、《中华人民共和国清洁生产促进法》、《中华人民共和国环境影响评价法》、《城镇排水与污水处理条例》、《建设项目环境保护管理条例》、《环境保护主管部门实施限制生产、停产整治办法》等法律法规，并制定了《污水综合排放标准》、《危险废物贮存污染控制标准》、《环境空气质量标准》、《大气污染物综合排放标准》、《城镇污水处理厂污染物排放标准》、《恶臭污染物排放标准》等国家标准。规定环境保护管理部门、各行各业依据国家法律法规和国家标准严格保护环境，而且有法必依，违法必究。人类经济社会发展虽然作用、影响环境，但可不生成或减少生成突发性的、积累性的环境致灾因子，保持承灾免疫力高于环境破坏外力的良好状态，即发展必须以保护环境和生态健康为前提，营造可持续发展环境，实现绿色、自然、和谐、健康发展。从而形成人类社会经济发展与依法环境保护的良性循环，防止环境灾害发生。

7.3 灾害垃圾与垃圾灾害

重大灾害是环境严重污染的重要原因。其中，灾害产生巨量垃圾——灾害垃圾，后者形成垃圾灾害。有些重大自然灾害的灾害垃圾与垃圾灾害触目惊心，不仅严重破坏灾区生态环境，漂浮性灾害垃圾还可能漂洋过海污染海洋和大洋彼岸。清除灾害垃圾，减少垃圾灾害是灾区恢复重建的重要任务。

图7-6是东日本地震灾害垃圾的掠影。东日本地震是主震、余震、海啸、火灾等多种灾害构成的复合灾害，产生的垃圾种类多，数量大，清除难度大。福岛核电站附近的灾害垃圾还遭受核污染，增加处理难度。可燃性灾害垃圾还可能引发次生火灾（图7-6第三层左图），海水漂浮的灾害垃圾还有可能随海流漂浮到远方（图7-6第三层右图）。

图7-6 东日本地震建筑垃圾与海啸垃圾的部分情景

7.3.1 灾害垃圾的分类

根据灾害垃圾的构成、性状与污染状况可划分为建筑垃圾、腐败性垃圾、可燃性垃圾和核污染垃圾等。

建筑垃圾是建筑物倒塌、严重破坏产生的垃圾，主要构成物是混凝土、砖瓦、木材、玻璃等。唐山地震、汶川地震等地震灾害的灾害垃圾主要是建筑垃圾。

腐败性灾害垃圾中，含有腐败性物质，像动物的腐尸、腐肉、变质的水产加工品等。

可燃性垃圾基本由木材等可燃物构成。即使漂浮在水中，也可能发生次生火灾——垃圾灾害。

核污染垃圾产生于核污染地区。例如：东日本地震福岛核电站附近的被核污染的垃圾。还有被化学毒品污染的垃圾。

7.3.2 清除灾害垃圾与预防垃圾灾害的基本原则

（1）时序性原则。先清除腐败性灾害垃圾，腐败性垃圾随时间推移逐步腐烂，不仅散发恶臭，还有可能成为传染病源。然后清除可燃性灾害垃圾，因其容易发生火灾。核污染灾害垃圾应研究妥善的清除方法，并在适当的地点处理。建筑垃圾可与恢复重建同步进行。唐山地震建筑垃圾上多建有简易房，重建期间采用"搬迁倒面"的方式，逐步清除。

（2）清除工作采用灾区自行或与周边地域支援相结合的方式。就近处理，运输路途近，可以较快完成清除任务，且节省运输费用。经费国拨，或国拨与灾区自筹相结合，还可吸收企业捐助资金。

（3）处理后不产生二次污染。无论采取哪种处理方法，处理后的灾害垃圾不能污染大气、土壤和水体。更不能成为传染病或其他疾病的源头。还应当指出，灾害污水虽不属垃圾，但也有可能成为次生灾害之源，像海地地震爆发霍乱，与灾民严重缺少清洁用水密切相关。

（4）清除过程中，重视资源回收与利用。有报道称，汶川地震灾区的建筑垃圾中有1000万吨左右的废钢，回收后可冶炼约800万吨钢材。1978年初唐山市中心区共清除唐山地震建筑垃圾1000多万立方米，回收废钢铁18972吨，料石4431万立方米，木材21139立方米，整砖14亿块，用于恢复重建。废物利用，节省重建资金。

（5）打捞水体中的漂浮性灾害垃圾。漂浮性灾害垃圾长时间浸泡在水体中，将腐烂变质，污染水体；还可能随水流漂浮到更远的地方，扩大污染范围。

7.3.3 垃圾灾害的综合防灾

采取以下措施有助于垃圾灾害的综合防灾。

（1）制定城市综合防灾规划时，应包容灾害垃圾的预防与垃圾灾害的治理。依据城市建筑与设施的类型、结构、材质和各种灾害设防水准，估算各种灾害的垃圾类别、性状与数量，清除时限，并依此估算清除设施与人员数量。城市储备清除灾害垃圾的技术、设施、运输车辆与道路、处理场地等。

（2）建立城市垃圾灾害综合防灾减体制。依据城市灾害垃圾预防与垃圾灾害治理规划，形成由城市环境卫生部门牵头的平时生活垃圾与灾时灾害垃圾共管的体制。平时、灾时保持城市环境卫生，特别应当关注灾时避难场所厕所的环境卫生；灾时大量灾害垃圾出现后，估算实际垃圾量，调动、调拨灾害垃圾清除人员与设施，开启处理场地与道路，按照规划要求实施清除。如有必要，可请求非灾区人员与设施支援。

（3）核污染的垃圾与有毒化学药品严重污染的灾害垃圾应根据污染程度、垃圾性状等研究新的处理方法。确保垃圾处理过程中以及处理后不产生二次污染，不危害人体健康，不留污染隐患。

（4）提高城市灾害设防水准，减少灾害垃圾。灾害垃圾之源是建筑倒塌、严重破坏、各类设施破损、室内家具类没采取固定措施等。提高城市灾害设防水准，减少灾害垃圾源，把灾害垃圾量减少到最少。极言之，如果城市灾害设防水准达到有"灾"无"害"的水准，则灾害垃圾量应趋近于零。

（5）按照复合灾害估算灾害垃圾处理量。像地震灾害至少是主震与余震"双灾"复合，东日本地震则是主震、余震、海啸、火灾、地质灾害等多种灾害复合，从图7-6可知，大量的灾害垃圾是海啸垃圾。如果城市综合防灾规划中，灾害垃圾量只考虑主震，则估算量明显偏低，储备、配置的清除人员与设施将不能满足实际需求。

7.3.4 灾害垃圾处理示例

东日本地震时，东日本太平洋沿岸13个道县239个市町村共约有建筑垃圾2000万吨，海啸垃圾1100万吨。建筑垃圾的具体种类与处理方法如图7-7所示。从该图可知，这次地震的灾害垃圾中，混凝土碎块一半以上，可燃物（含木屑）1/5，不燃物（不含混凝土碎块）24%，废钢铁3%，不燃物占80%；处理方法主要是再生利用，其次是焚烧与填埋。

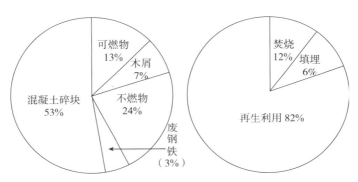

图7-7　垃圾类别与处理方法示意图

特别应当强调指出，建筑垃圾的82%被再生利用，显示出地震建筑垃圾回收利用有很大的潜力。

建筑垃圾与海啸垃圾运至处理场与处理办法如图7-8所示。该图显示出，无论是建筑垃圾还是海啸垃圾运输到处理场与处理颇费时日，震后3年尚未完成运输与处理任务。

由上述图7-7、图7-8可知：

①1次重大地震灾害产生的灾害垃圾量非常大，东日本地震3000多万吨，阪神地震1300多万吨。

②城市防灾设防水准越低，灾害强度越大，复合灾害的灾种数越多，产生的灾害垃圾量越多。唐山地震建筑没有抗震设防、部分建筑设防水准过低，虽然只有主震灾害垃圾，也有建筑垃圾1000多万立方米。东日本地震复合灾害灾种多，特别是主震与海啸，产生

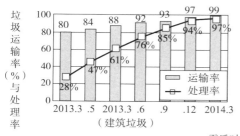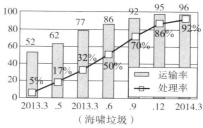

图 7-8 　建筑垃圾与海啸垃圾运至处理场率与处理率

主震灾害垃圾与次生海啸灾害垃圾，后者是前者的 1/2。阪神地震兵库县的建筑有抗震设防，但也建筑垃圾 1300 多万吨。

③灾害垃圾有可能转换为垃圾灾害。图 7-6 的次生火灾是以海啸垃圾为火源；有的灾害垃圾冒着浓厚的白烟（左下角图），散发着臭气；被福岛核电站污染的灾害垃圾，污染周围环境。

7.4　环境保护——预防环境灾害

7.4.1　环境保护的类别

环境保护可以划分为自然环境（地形、地质、河流、湿地与沼泽、动植物、生物多样性、水资源、海岸与海洋、自然的利用与改造等）保护、生活环境（水质、大气、住宅、噪声、振动、恶臭、公害、有害化学物质、土壤等）保护、城市环境（公园绿地、城市设施、热岛现象、交通、垃圾、环境美化与违法排污等）保护、历史文化环境（历史文化资源、观光资源、景观、古典园林、传统节日、庙会等）保护、地球环境（全球变暖、节能、臭氧层破坏、生活方式的影响等）保护等。

此外，在实施环境保护时，还应当考虑环境教育（普及环境知识、培养环境保护人才、开展环境保护活动、收集利用环境情报、创建环境管理系统等）和环境资源（污染物再利用、能源及其结构、可再生能源等）。

城市环境保护的对象几乎包容上述各个类别。

7.4.2　环境保护及其体制

环境保护是综合实施行政、法律、经济和科学技术等多种手段，以综合防灾学、环境灾害学和环境防灾学为理论基础，合理开发利用自然资源，防止、减轻环境污染和治理、修复环境破坏，减少环境中的污染物负荷，保护人类生命安全与健康，促进社会经济可持续发展。

保护环境是我国的基本国策。其基本原则是保护优先，预防为主，综合治理，公众参与，污染者担责。

城市应合理建立环境保护体制（见图 7-9）。城市各行各业、市民、市政府通力合作。执行环境保护的各项法律法规，有法必依，执法必严。各行各业既有项目的污染物必须采取回收利用措施或达标排放，依法惩治违法排污，建设项目中防治污染的设施，应当与主体工程同时设计、同时施工、同时投产使用，防治污染的设施应当符合经批准的环境影响评价文件的要求，不得擅自拆除或者闲置；市民养成保护环境的良好生活习惯，踊跃参加环境保护的各项活动，监督违法排污，反映环境污染现象或事件；市政府应制定城市环境保护规划，依法实施环境保护对策与措施，秉公管理、监督、服务城市环境及其保护，杜绝环境保护工作中的渎职、惰政、贪赃枉法。

城市应依据《中华人民共和国宪法》、《中华人民共和国环境保护法》等法律法规以及本城市的具体情况制定环境保护规划。以当前的环境状况为基础，树立创新性的环保理念，实施各种卓有成效的环境保护措施，经过若干年，逐步提高城市生活环境、自然环境、历史文化环境等的质量，建设成生态名城、低碳名城、与大自然和睦共生的可持续发展名城。其循环发展过程如图 7-10 所示。

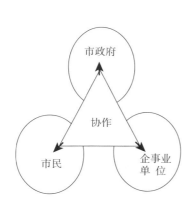

图 7-9　城市环境保护体制示意图　　　图 7-10　建设环境名城的循环过程

图 7-11 表明，环境保护规划在城市环境保护系统中具有其举足轻重的作用。制定的规划在实施过程中不断发现问题，并适时进行修订，完成一次循环。经过多次循环，逐步修订规划、完善规划，城市环境质量与日俱增，最终达到生态名城、低碳名城、与大自然和睦共生的可持续发展名城的目标。从而，减轻城市环境污染，远离环境灾害，确保市民安全、健康。

7.4.3　环境保护的目标与措施

环境保护目标与措施如图 7-11 所示。

分析图 7-12，环境保护的基本路向可以概括为减少污染物负荷、维持环境现状、美化环境、加强环境保护教育以及合理开发利用自然资源、回收再生环境资源等。

①减少城市环境中的污染物负荷，恢复到原有的良好状态。许多城市因污染物积累已经遭受不同程度的污染，应当分析污染原因，采取有效措施，遏止污染物积累的进一步发展，减少城市污染物的积累，逐步恢复到原有的良好状态。当城市社会经济发展是城市环境污染的主要原因时，应以提高城市环境质量，保护居民安全、健康，城市可持续发展为基本原则，制定减排、治污对策，调整、完善工业结构与能源结构，污染物必须达标排

放等。

这种环境保护措施对于大多数城市有普遍的适用性。创建低碳城市、生态城市、园林城市、历史文化城市、可持续发展城市，必须严格控制城市环境中的污染物负荷。这也是提高城市居民生活质量，保护自然环境和地球环境的基本措施。

为减少城市环境中的污染物负荷有人曾提出工矿企业"零污染"。这只是空想的一种极值，实际上不可能做到。而且，既然是"零污染"，就没有必要采取环境保护措施，这与实施环境保护的理念背道而驰。

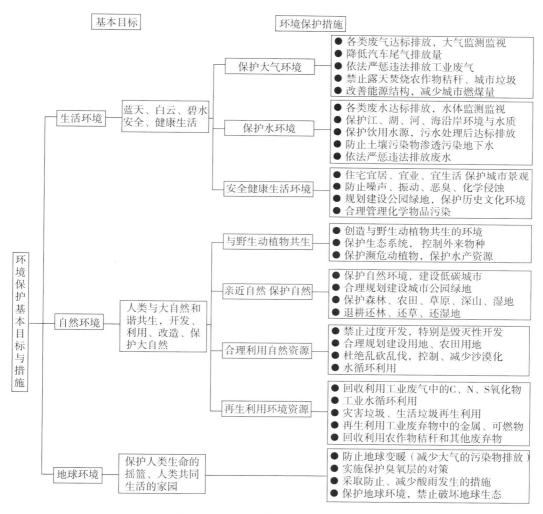

图 7-11　环境保护目标与措施示意图

②维持环境现状。如果一座城市制定并严格执行卓有成效的环境保护规划，积累了丰富的城市环境管理经验，形成各行各业协力保护环境的浓厚氛围，城市整体环境或部分环境有可能一直处于良好状态，应当继续维持这种状态，并依据环境状态发生的变化采取新措施，控制、减少城市自身以及外围环境对城市环境的影响。保持、创建生态城市、绿色城市、与自然和谐共生的城市。

由于城市环境的多样性，不同环境的保护具有不平衡性，有些环境可能一直处于良好状态，而另一些环境未必尽然。因此，同一座城市的各类环境，有可能都采用或者部分环境实施这种环境维持对策。

2015年我国366座城市中，PM2.5年平均浓度（微克/立方米）最低的五座城市依次是林芝地区（10.6）、阿勒泰地区（12.1）、丽江（16.1）、迪庆州（16.7）、三亚（17.2）。空气质量良好的城市，可以实施大气环境的维持对策。

还应当指出，维持不是不作为，而是环境保护的一种对策。必须一如既往地做好城市环境保护的各项工作，创新性地迎接环境保护的新问题、新挑战。否则，不进则退，难以维持。

③美化环境，改造环境。这是人类改造自然，美化环境，提高环境质量的重要举措。像"三北防护林"是在我国西北、华北和东北地区建设的大型人工林业生态工程、国家生态安全的战略性工程，已经取得显著的环境效益。多年来，许多城市重视园林建设，公园绿地、亲水工程，改善城市生活环境、自然环境，有益于居民休闲、健身，浓厚城市文化底蕴。唐山南湖生态公园的部分景观如图7-12所示。

图7-12　唐山南湖生态公园的部分景观

④环境保护教育。这是城市环境保护不可或缺的内容。城市应当培养、引进城市环境保护的管理人才、工程技术人员。城市或者社区有计划地定期或不定期举办环境保护培训班，普及环境保护基础知识，提高环境保护意识，树立环境保护从我做起、人人有责的理念，积极参加城市环境保护的公益活动，勇于主动制止污染环境、破坏环境的违法或不良行为。企事业单位的领导和员工应当熟知、熟悉我国环境保护的法律法规，依法治理环境污染，达标排放各类污染物，充分认识到偷排污染物是违法行为，应负法律、刑事和经济责任。城市环境保护的管理人员必须尽职尽责，秉公为民，依法管理、监督、服务环境保护，而且有法必依，违法必究。

此外，还应当合理开发利用自然资源、回收再生环境资源等。

7.5　环境防灾学

近几年才创建的新兴学科——环境防灾学，是城市防灾学的重要分支学科。日本学者竹林证三在《环境防灾学》一书的序言中指出："环境"与"防灾"并不是毫无关系的两个概念的罗列；它们之间存在密不可分的关系，如果二者相互渗透、融合，相辅相成，可以创建"环境防灾"领域健全的学科体系——环境防灾学；灾害是最大的环境破坏；防灾是环境保护的根基。因此，考虑防灾时，应当把形成良好的城市环境作为重要目标。

环境防灾学的主要研究内容包括环境、环境污染、环境灾害、环境保护、环境防灾、融合于环境学的防灾学，创建生态城市、低碳城市、与自然和谐共生的城市、社会经济可持续发展的城市。

创建环境防灾学的主要贡献是在环境学与防灾学的学科间发现了新学科——环境防灾学的生长点。把环境学的相关内容融入防灾学，并用防灾学的理论、方法预防、减少环境污染、环境灾害。

还应当指出，环境防灾学与近些年提出的环境灾害学在学科内容上有明显的区别。后者是环境学与灾害学的交叉学科，重点探讨环境、环境污染、环境灾害，没有或少有环境保护、环境防灾的内容。

随着环境防灾学、综合防灾学等学科的发展，环境防灾学的学科内容与交叉学科将发生变化。交叉学科将从环境学、防灾学向环境灾害学、综合防灾学发展，产生的新学科由环境防灾学转变为环境综合防灾学。产生的新学科越来越强调环境灾害与综合防灾，灾害需要防灾，防灾应对灾害，理论基础更浓厚，综合防灾的针对性、实用性更强。

第八章 "老龄化社会型灾害" 与老年人的紧急救援

8.1 老龄化社会与"老龄化社会型灾害"

8.1.1 老龄化社会

目前，世界已有 70 多个国家进入老龄化社会。

2000 年我国老龄化率（65 岁以上人口占总人口的百分比）为 7.1%，成为老龄化国家（老龄化率>7%）。我国老龄化发展迅速，到 2050 年可能进入超老龄化社会（老龄化率>20%），老龄化率居世界之首；老年人人口数量多，高龄化、空巢化趋势明显，失能、半失能老人比例高。

老龄化社会出现"老龄化社会型灾害"。老年人是灾害弱者，灾后必须紧急救援（"黄金 72 小时"），采取有效措施保护老年人。

我国灾害弱者特别是老年人紧急救援的研究刚刚起步。2014 年，国际减灾日的主题是"提升抗灾能力就是拯救生命——老年人与减灾"。提示各国重视老年人的防灾减灾。

8.1.2 "老龄化社会型灾害"

地震灾害多发国日本是进入老龄化社会较早的国家。而且，有些地域已经是超老龄化社会。1995 年日本阪神地震，兵库县的老龄化率为 13%，死亡的 6402 人中 65 岁以上的 3181 人，占死亡总人数的 49.7%，被称为"老龄化社会型灾害"。2011 年东日本地震，56% 的死者年龄高于 65 岁，岩手、宫城、福岛 3 县沿海 37 个市区町村的老龄化率达 29.4%，是"超老龄化社会型灾害"。近些年来日本自然灾害死亡人数中老年人的比例如表 8-1 所示。

近些年来日本自然灾害遇难者中老年人所占比例（%）　　　　　　　　表 8-1

时间（年）	灾害名称	死亡人数（含失踪者）	其中老年人人数	老年人占死亡总人数的百分比
2004	新潟・福岛暴雨	16	13	81.3
2004	福井暴雨	5	4	80.0
2004	新潟县中越地震	68	45	66.2
2005	14 号台风	29	20	69.0
2006	暴雪	152	99	65.1
2006	7 月暴雨	30	15	50.0
2007	新潟县中越近海地震	14	11	78.6

还应当指出，重大地震灾害后，老年人易发生震害关联死。据统计，东日本地震 1 年后，1 都 9 县震灾关联死 1632 人（基本是老年人），其中，去避难场所途中与在避难场所

生活因身体与精神疲劳死亡的占 50%，医院救治功能破坏耽误早期救治的占 20%。减少老年人震灾关联死，是研究老年人救援不容忽视的课题。

目前，我国北京、天津、上海、重庆、浙江、江苏、四川等 14 个省市区进入老龄化社会，如果在老龄化社会的地域内发生重大地震灾害，将呈现"老龄化社会型灾害"特征。据报道，2008 年汶川地震 65 岁以上受灾老人不低于 350 万，需要紧急安置的不少于 100 万，失去亲人的孤寡老人 3 万。凸现出，我国的一些重大地震害后，老年人需要救援的人数多、地域广，紧急救援尤为重要。

8.2　老年人的自救能力、互救能力与紧急救援需求

8.2.1　自理能力

自理能力是老年人能够独自完成吃饭、睡眠、如厕、洗澡等的生活能力。常用能够自理者占老年人总数的百分比表示。自理能力越高，不能自理能力越低。图 8-1 是我国老年人不能自理能力的统计结果。

显然，年龄越大，自理能力越低。65 岁至 69 岁自理能力 94.9%，90 岁以上则减少到 49.7%。自理能力是重大地震灾害发生时，自救能力与互救能力的基础。

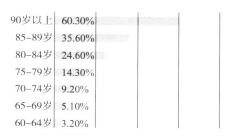

90岁以上	60.30%
85-89岁	35.60%
80-84岁	24.60%
75-79岁	14.30%
70-74岁	9.20%
65-69岁	5.10%
60-64岁	3.20%

图 8-1　老年人不能自理能力年龄分布图

8.2.2　自救能力与互救能力

自救能力、互救能力是有自理能力的老年人参加震后自救与互救的能力。在震后紧急救援阶段，自救、互救、公救形成紧急救援的综合强势。目前，我国的老年人有些被续聘、返聘，继续在工作岗位上默默耕耘；有些在社区参加各种社会活动，为社区建设发挥余热；有些操劳家务，享天伦之乐，安度晚年。其中，身体健康者，不仅有自理能力，也有一定的自救能力与互救能力。在震灾救援的自救、互救中，起辅助作用。例如：芦山地震一位百岁空巢老年扒砖自救，成功脱险；一位参加过唐山地震救援的 75 岁老人，汶川地震时被批准为志愿者，为青少年做心理辅导；2014 年云南鲁甸地震后，内蒙古一位 82 岁老人步行 3 公里亲自捐款救助灾区。唐山地震类似的事例不胜枚举。

在重大地震灾害的紧急救援阶段，最初的救援活动主要是自救、互救。阪神地震自救、互救与公救从地震废墟脱险的百分比如表 8-2 所示。显然，97.5% 的脱险者是依靠自救、互救。显现出，紧急自救、互救对埋压者地震废墟中的人脱险贡献最大。

阪神地震自救、互救与公救地震脱险的百分比

表 8-2

救援者类别	百分比（%）	自救、互救与公救的百分比（%）	
自身	34.9	家族自救	66.8
家族	31.9		

救援者类别	百分比（%）	自救、互救与公救的百分比（%）	
邻居、友人	28.1	互救	30.7
过路人	2.6		
部队	1.7	公救	1.7
其他	0.9		

8.2.3　老年人的紧急救援需求

　　老年人是重大地震灾害的弱势群体，属"灾害弱者"、"避难弱者"。作为一个群体，他们不能或难以获取、传递灾害情报，在本人人身安全受到即将发生的重大地震灾害及其次生灾害威胁时，没有察觉能力或察觉困难，即使有察觉也不能或难以快速采取适当的应对措施。因此，震后应当紧急救援，且有各种紧急救援需求。

　　紧急救援需求的要点是营造基本生存条件（从地震废墟中脱险，从次生灾害威胁处转移到安全处）、基本生活条件（有栖身之处，有饭吃，有干净水喝，有御寒衣物，有排泄场所，需要看护者有人护理，有传递灾情的信息设施）、基本医疗条件（伤者、病者得到及时治疗，控制既有的老年常见病，应激反应者有心理医生调治，有效预防瘟病）。满足紧急救援需求的程度越高，救援效果越好。

　　综上所述，老年人既是重大地震灾害的救援对象——救援需求者，其中有自救能力、互救能力的，又有可能以高尚的情操、丰富的经验与智慧、高度的责任感参加自救与互救。重大地震灾害时，老年人不仅应当"有所养"、"有所医"，有些人还能参与自救、互救——"有所为"，在抗震减灾活动中发挥余热。这是老年人的积极抗震减灾观。认为老年人面对灾害无能为力，甘居弱者，只能等待救援的观点值得商榷。

8.3　老年人紧急救援措施

8.3.1　配置必需的医务人员、看护人员

　　老年人多发常见病——高血压、糖尿病、痴呆症等，重大地震灾害后有可能加重，且可能因地震灾害中断吃药；地震中难免有人受伤、患病，特别是重伤、危急病症，急需救治；老年人易发生应激反应，例如：处于谵妄状态，健忘症患加重，产生强烈自责感和孤独感，感到绝望，甚至拒绝援助。而且，有些老年人生活不能自理，还有部分鳏寡孤独、空巢老人。因此，老年人的紧急救援必须有适量的医务人员和看护人员。

　　医治老年人伤病的地点主要有图8-2所示的3种情况，即在伤病者家中、避难场所以及医院。

　　第一种情况下，医务人员巡视、巡诊难度大，特别是农村老年人分散度高，如果是山区山间道路容易堵塞或有滑坡、泥石流等次生灾害威胁，需要较多的医务人员。后两种情况老年人相对集中，可在医院或门诊部医治。

　　失能、半失能老年人和部分鳏寡孤独、空巢老年人需要或必须看护、护理。无家人看

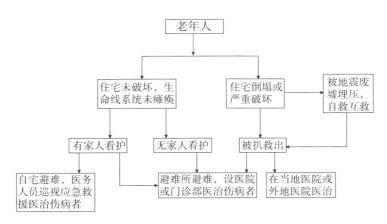

图 8-2　医治老年人伤病员的地点分布图

护的由护理人员、志愿者看护。避难场所应当设老年人管理组，专事老年人生活与医疗。

还应当指出，社会的关爱，避难场所的科学规划设计，医务人员的心理康复治疗，对减少老年人震灾关联死起重要作用。

8.3.2　为老年人储备紧急救援物资

　　储备方式包括各级救灾仓库特别是避难场所储备仓库储备，与企业、商业部门签订供应合同灾时应急供应，家庭储备（便携包、箱）等。各类储备方式老年人获得的方便度如图 8-3 所示。方便度越高，紧急救援的效果越好。避难便携包内有紧急救援阶段必需的饮用水、食品、衣物、常用药品等，随身携带，打开包（箱）即可食（使）用。

图 8-3　各类储备方式老年人获得的方便度

避难场所、社区储备库距离较近，领取也比较方便。企业、商业按灾前签订合同供应紧急救援物资的供应终点应是避难场所和社区储备库。储备库距离避难场所越远，方便度越低。

储备老年人紧急救援物资应当考虑针对性、适用性。例如：储备老年常见病的药物、软（流）食、奶粉、尿不湿、轮椅、手杖、手电、收音机等。

8.3.3　老年人的防灾教育

老年人的居住方式为独居、与家人同居或邻居、居住在老年人服务机构，主要居住在社区。目前，许多社区编制了防灾减灾应急预案，其中教育与演习是不可或缺的内容。社区应组织健康的老年人积极参加。老年人掌握防灾减灾的基本知识与实践经验，有助于树立人定胜天、团结协作、共度难关的理念，提高防灾减灾救灾意识，增强自救互救的本领，并可发现、纠正紧急救援过程中存在的薄弱环节。教育与演习的组织者，不得以行动迟缓等为由拒绝老年人参加。

8.3.4　老年人服务机构的建设

我国老年人服务机构主要有社会福利院、敬老院、老年公寓、老年康复机构、护理院、临终关怀机构等。服务项目包括：平时的生活照料与康复护理，突发事件发生时的紧急救援。

老年人服务机构的建筑设施应具有较高的抗震性能，确保重大地震灾害不倒塌，室内的家具采取固定或隔震措施，把震灾造成的人员伤亡与经济损失减少到最小。而且，紧急救援就在原有建筑设施内进行，按震前的服务项目照常服务。这样，不仅可以利用原有人力资源与物资资源，还能减少避难行动，避免老年人过度疲劳和因避难发生的应激反应。

8.3.5　就近避难

所谓就近避难是把老年人安置在距离居住所在地最近的指定避难场所。走较短的道路，用较少的时间即可到达，这是减少灾害关联死的重要措施。

为了方便老年人就近避难，住高层建筑的，楼层不宜过高，否则因地震停电，从高层步行到底层，老年人容易过度疲劳。而且，避难道路应平坦，无台阶、陡坡、路障；无次生灾害威胁。为就近避难创造安全条件。

我国已经进入老龄化社会，而且老龄化发展速度快，老年人数量及失能、半失能人口多，一旦发生重大灾害，老年人是紧急救援不容忽视的组成部分。老年人应当树立积极抗灾救灾观，有能力的可适当参加自救互救；平时，社区应组织老年人参加防灾减灾教育与演习，规划建设老年人服务机构，储备老年人适用的紧急救援物资；灾时，配置适量的人力资源、物力资源，为老年人创造生存条件、基本生活条件、防疫条件，安排就近避难。关爱鳏寡孤独、空巢老人，减少灾害关联死。

8.4　老年人地震灾害关联死及其对策

地震灾害具有突发性。在数秒、数十秒至多数分钟时间内，灾区民众从平时的正常生活环境骤然跌入惨重的灾害深渊。造成人员伤亡，建筑物倒塌，生命线系统破坏；还有可能发生火灾、海啸、山体滑坡、泥石流、瘟病、暴雨等地震次生灾害，加剧灾情。一次重大地震灾害往往造成成千上万甚至数十万人伤亡。震后保护灾民健康，减少人员死亡是地震学及其相关学科的重要研究课题。

地震灾害关联死是地震发生后居民的生活环境、生活条件骤变，导致过度疲劳、病情恶化以及应激反应、瘟病肆虐、孤独死、饥寒交迫等造成的死亡。东日本地震3年后，重灾区福岛县的关联死人数（1660人）超过直接死（1607人），而且死者主要是老年人，显示出采取有效措施预防地震灾害关联死对于减少震后人员死亡特别是老年人死亡有重要意义。

8.4.1　地震灾害引发的环境骤变

重大地震灾害发生时，广大灾民必须紧急应对环境骤变。通过自救、互救与公救改变灾区的灾时环境，紧急形成基本生存条件、生活条件、医疗条件、防疫条件，逐步改善环境，适应环境，并在恢复、重建后创建比灾前更美好的社会环境、生活环境、生态环境与可持续发展环境。

但是，在地震灾害引发环境骤变的条件下，部分灾民埋压在地震废墟下，生存环境极其恶劣，余震频发，危在旦夕；幸存者必须采取避难行动（从避难起点到避难场所），并在避难场所度过避难生活；有的灾民不仅住宅倒塌或严重破坏，还有家人伤亡和重大经济损失，极度悲伤，有的产生应激反应甚至绝望；有些灾民丧失栖身之所，食品与饮用水奇缺，没有御寒衣物，饥寒交迫；有些伤病者缺医少药，得不到及时有效治疗，伤势加重，病情恶化，等等。

8.4.2　地震灾害关联死者主要是老年人

2000 年我国老龄化率（65 岁以上人口占总人口的百分比）为 7.1%，成为老龄化国家（老龄化率>7%）。我国老龄化发展迅速，到 2050 年可能进入超老龄化社会（老龄化率>20%），老龄化率居世界之首；老年人人口数量多，高龄化、空巢化趋势明显，失能、半失能老人比例高。

老年人易发生地震灾害关联死。

东日本地震、阪神地震 1 年后的关联死人数及老年人所占比例如表 8-3 所示。

分析表 8-3 可知，无论是整个灾区，还是灾区一部分，老年人地震灾害关联死的人数多，且占关联死总人数近九成。

关联死人数统计　　　　　　　　　　　　　　表 8-3

地震名称	①关联死人数	②老年人数	②/①（%）	震后 1 个月死亡人数
东日本地震（灾区）	1632	1460	89.5	693
阪神地震（神户市）	615	551	89.6	383

老年人是重大地震灾害的弱势群体。例如：不能接收、传递、理解和及时有效处理灾害情报，躲避灾害的意识薄弱、行动迟缓甚至拒绝避难行动；避难行动、避难生活的适应差；身弱体衰，易患慢性病、常见病，在重灾环境下有可能加重；面对重大地震灾害老年人的恐惧、焦虑、紧张、忧郁、冷漠、孤独感等心理特征尤为明显，容易发生疾病与应激反应。

目前，世界上有 70 多个国家迈入老龄化社会。阪神地震、东日本地震是在老龄化社会、超老龄化社会条件下发生的"老龄化社会型灾害"、"超老龄化社会型灾害"，老年人的伤亡以及关联死人数比较多。

8.4.3　地震灾害关联死及其具体原因分析

以东日本地震为例，分析地震灾害关联死及其具体原因。

据日本复兴厅 2015 年 3 月 31 日统计，东日地震关联死共 3331 人。关联死的原因如表 8-4 所示。从表中可以看出，身体、精神疲劳的死亡人数占关联死总人数的 64%，特别是避难行动与避难生活高达 54%；医院丧失医疗功能占 20%。

东日本地震关联死的原因与比例　　　　　　　　　　　　表 8-4

死亡原因	百分比※（%）
避难生活中身体、精神疲劳	33

死亡原因	百分比※（%）
避难行动中身体、精神疲劳	21
医院医疗功能停止（含转院）老病加重	15
地震、海啸身体、精神疲劳	8
医院医疗功能停止耽误初期治疗	5
核电站核泄漏身体、精神疲劳	2
其他	11

注：※占关联死总人数的百分比

具体死因可归纳为如下几个方面。

①避难行动路程长、耗时多；反复更换避难场所或医院；在避难场所等待入住的时间过长等。

②避难场所没有基本生活保障。例如：配发的食品数量少，餐不饱肚，衣物单薄；多人合住一个避难场所，声响较大，影响睡眠，有人患失眠症；室内空气污浊，易患呼吸道传染病；夏季闷热不堪，体力不支，食欲衰退；人均有效避难面积小，活动空间狭窄，身体、精神一直处于疲劳困惫状态；由于地震后断水，水冲厕所脏乱不堪，为减少如厕次数，竭力减少饮水量，长时间干渴，有可能诱发心血管疾病；在群体生活环境下，精神压力大，出现夜游、谵妄等症状，药物治疗无效。

③灾区医院医务人员伤亡，医疗设施损坏，有些医院丧失医疗功能。因此，灾时正在住院的病人，难以办理转院手续，不得不回家或到避难场所避难，中断医疗；震后汽油奇缺，救护车拒绝出车，只能步行去医院，或虽有车，但没有医院接诊；即使住进医院，也缺医少药，医疗、护理环境与条件难如人意；有的医院水、电设施瘫痪，生活条件差，缺吃少穿。由此，耽误急救与医治时间，影响治疗效果，病症加重。

④受地震主震及其次生灾害惨烈景象（主震的巨响、火光、建筑摇晃与倒塌、死伤者的惨状、被地震废墟埋压等）的惊吓，产生应激反应，患谵妄症；亲人遇难，极度悲伤，愁肠百结，忧郁成疾；灾后生活条件、医疗条件、防疫条件差，体质衰退。

⑤福岛核电站发生世界地震史上首例核泄漏事故，在其附近的 11 个市町村关联死人数占全县的80%。震后 4 年仍有 22.9 万人在外县他乡避难，震后 3 年关联死1660人，居灾区各县之首。核泄漏污染区内，几次扩大禁止避难区范围，灾民多次更换避难场所，加重身体、精神疲劳；恐惧核污染，担惊受怕，产生应激反应；背井离乡在外地避难，没有家宅或者有家不能归，有强烈的陌生感、孤独感，思念亲人与热土，家愁、乡愁成疾；又由于避难场所的基本生活条件、医疗条件不近人意，甚至饥寒交迫，老年人难以承受。

⑥自杀。东日本地震当年的后半年关联死中自杀的人数 55 人，60 岁以上的老年人 31人（占死亡总数的 56.4%），因健康与经济生活问题自杀的 35 人（63.6%）。有位老龄自杀者在遗书中写道："坟墓才是我的避难所"。

还应当指出，不同的地震灾害，主要死因未必相同。例如：阪神地震避难所内发生流行性感冒，新泻中越地震在轿车内避难患"经济舱综合症"，是这两次地震关联死的重要原因。

8.4.4　减少老年人关联死的主要措施

应根据重大地震灾害引发的环境骤变、老年人应对重大灾害的弱势以及产生关联死的具体原因，制定减少关联死的对策。

（1）建设抗震水准高的老年人福利设施

随着老龄化社会的快速发展，城镇应规划建设数量更多的敬老院、养老院、老年公寓、老年人医院、老年活动中心等福利设施，而且达到当地重大地震灾害抗震设防水准。重大地震灾害发生后福利设施仍然宜居、宜医、宜生活，无需采取避难行动，消除避难过程中的惊吓与劳苦。"零避难"是减少关联死的根本性对策。极言之，如果福利设施能够抗御最大震级的地震灾害，该福利设施"有震无害"，实现"零伤亡"、"零避难"。

（2）安排老年人就近避难

就近避难路程短，可减少老年人避难行动的身心疲劳。在规划设计避难场所时，应依据老年人的地域分布安置在最近的避难场所。灾害发生后按照就近避难的原则疏散老年人。

有老年人的家庭购买住宅时，最好选择在较低楼层。

（3）避难场所有基本生活条件、医疗条件和防疫条件

避难场所开启后，老年人有基本生活保障；灾前储备、灾时发放适合老年人食用的软食、流食、奶粉以及老年人的其他物品等；安排老年人集中居住，便于管理与看护；配置轮椅、手杖等助行工具。危重伤病老人，宜转移到非灾区治疗；避难场所设诊所、医院，接治包括老年人在内的伤病人员；派遣心理康复医生，开展心理咨询与治疗；接收志愿者，为老年人服务；医疗机构设医务人员巡诊组，巡诊住宅内外特别是边远地域的伤病老年人；采取有效措施控制、消除"经济舱综合症"。保障食品卫生，创建避难的绿色生活环境；避难场所通风换气，预防流行性感冒；餐具、水具消毒，杜绝病从口入；打防疫针，喷洒防疫药物，预防瘟病发生。

（4）积极参加平时的防灾减灾教育

这对提高老年人的防灾减灾意识与技能，树立积极灾害观，正确认识在重大灾害自救互救中的功能与价值，疏通邻里间情感，弘扬敬老、尊老、助老的光荣传统等起重要的作用。

还应当指出，为减少地震灾害关联死，应关爱孤寡、空巢以及边远地域的老年人。

综上所述，老龄化社会发生的重大地震灾害具有"老龄化社会型灾害"、"超老龄化社会型灾害"的特点，作为灾害弱势群体的老年人适应灾害环境骤变能力差，伤亡人数多，且容易发生地震灾害关联死。城市灾害管理部门、避难场所规划设计部门以及广大老年人，应根据关联死的具体原因，灾前、灾后采取有效措施，减少地震灾害关联死。

第九章　灾害文化

9.1　灾害文化

有学者认为，文化既是一种社会现象，同时又是一种历史现象，是社会历史的积淀物，或者说，文化是凝结在物质之中又游离于物质之外的，能够被传承的国家或民族的历史、地理、风土人情、传统习俗、生活方式、文学艺术、行为规范、思维方式、价值观念等，是人类进行交流的普遍认可的一种能够传承的意识形态。也有学者认为，文化是作为社会成员所习得的包括知识、信仰、艺术、道德、法律、习俗以及其他习惯与能力的复杂共同体。灾害文化是灾害学与文化学交叉、渗透、融合的结果，是在灾害预防、救援、恢复重建过程中形成并得到共识与传承的各种文化现象。

9.1.1　定义

灾害文化是人类同反复出现的重大灾害斗争中形成的与灾害相关的多种文化现象的总和。不同的研究者从不同的角度定义了灾害文化。

①在与灾害斗争过程中，人类掌握、积累、继承、利用灾害知识的有形无形的文化现象称为灾害文化。

②如果某地域反复遭受特定灾害的袭击，地域内的居民继承、积累了丰富的"共享智慧"——知晓灾前会出现哪些灾害前兆，灾时应当采取哪些防灾减灾救灾行动，这样的"共享智慧"即是灾害文化。

③灾害文化是在某特定地域内形成的有关灾害的观念和行动方式，是地域内居民继承共享的文化现象。

④为了减灾，在经常发生灾害的地域内，反映居民认识与行动的智慧（还包括融入地域内社会经济系统的教训、传承与信仰等）定义为灾害文化。

⑤在经常发生灾害的地域，采取的文化防灾对策（包括减轻灾害，发现灾害前兆和灾害发生后应当采取的对策指针）。

⑥以个人和组织的灾害经验为出发点，为防灾减灾采取的精神对应与适当行动，有助于提高组织的维持能力与适应能力，与日常生活和地域文化发展密切相关的文化现象。

上述定义虽然表述不同，内涵也有不同程度的差异，但也显露出诸多相同或相近之处。

①灾害文化强调居民"共享智慧"、"共有观念"、"继承共享"。或者说，灾害文化不是个别人的文化现象。有关防灾减灾救灾的精神、观念、行动，应当为居民和支援灾区的人员共有、共享，形成防灾减灾救灾的综合合力。因此，灾害教育系统对灾害文化的形成、发展起重要推动重要。

②从灾害的阶段性看，灾害文化应当包括防灾文化、救援文化、恢复文化与重建文化。防灾文化的基本原则是"预防为主"、"有备无患"、"未雨绸缪"以及灾害前兆文化等；救援文化（"三救文化"、医文化、食文化、衣文化、葬文化等）突显"时间就是生命"、"时间就是效益"、"民生第一"以及民族风俗习惯；恢复文化（简易城市、简易门诊、简易生产、简易学校、简易商场等）和重建文化（住宅文化、纪念设施文化、园林文化、灾害遗址文化等），则是体现灾区民众自力更生、重建家园的精神、观念与智慧，为灾区的可持续发展丰厚文化底蕴、奠定文化基础。同时，永久型灾害文化还有时间延续性，在灾后城市社会经济发展过程中，依然发挥灾害文化功能。

③抗灾精神是灾害文化的重要内涵。唐山抗震精神——"公而忘私、患难与共、不屈不挠、勇往直前"，鼓舞唐山人民战胜了惨烈的唐山地震灾害，震后10年一座新兴的唐山市屹立在燕山山麓、渤海之滨，也为抗、防各种灾害积蓄了强大的精神动力。灾害文化是精神与物质的综合文化现象。自救文化、互救文化彰显灾后居民的救援精神；食文化、衣文化等则以城市储备的和外地支援的食品、衣物等物质为依托；支援灾区的部队全心全意为灾区人民服务，医务人员"救死扶伤"挽救濒危、危重患者并确保大灾之后无大疫，既有战无不胜、攻无不克的大无畏精神又有丰厚的物质基础和文化内涵。

④定义中的"与灾害斗争中"、"某特定地域"显露出灾害文化是在灾区人民与灾害斗争中形成的。灾害文化产生于灾害的预防、救援与恢复重建，并能在灾害的各个阶段产生文化效益。唐山地震文化是唐山人民在唐山地震灾区战胜唐山地震浩劫的英勇斗争中诞生的。

9.1.2 灾害文化的形成与发展

（1）美国学者最早提出灾害文化的概念

在灾害研究领域，灾害文化最早出现在20世纪60年代初。1964年美国学者H. E. Moore发表了论文"And the Winds Blew"。该文作者发现，灾区的灾民与非灾区的民众对于灾害的反应迥然不同，他以此为出发点进一步研究得出如下结论，即从灾区民众产生重大灾害综合症（disastersyndrome）到恢复正常状态的过程中，人类的应对活动有一定的特有倾向，并将其定义为灾害文化。灾害文化具有社会性的普遍共识（"共享智慧"、"共有观念"）和灾区民众特有等特殊性质。1973年美国学者D. E. Wenger等把怎样防灾减灾、灾时怎样行动等的知识与技术以及袭击该地域的灾害性质、原因与为什么灾害袭击该地域等的居民共有观念等定义为灾害文化；认为灾害文化有工具（instrumental）功能和表现（expressive）功能，前者是制定地域防灾规划，配置防灾设施等；后者是居民根据灾区发生的灾害性质与原因采取救援行动。这两种功能可以强化居民间的协作联动，缓和居民的不安与恐惧。应当掌握灾区灾害文化功能的脆弱性，并依据脆弱性程度决策救援力度。

（2）我国的地震文化研究

我国灾害文化的研究始于唐山地震。产生了唐山地震文化——在唐山地震的重大灾害环境下，唐山人民发扬唐山抗震精神，以紧急救援、恢复重建和社会经济发展为主要内容，唐山灾区人民采取的生活方式、行为方式和生产方式。地震文化是人类应对地震灾害、战胜地震灾害过程中形成的精神与物质两个方面的成果，包括衣、食、住、医在内的抗震救灾技术、学问、艺术、道德与生活形成的方式与内容。唐山地震文化产生于唐山地震紧急救援阶段，并随震后时间推移，不断发展壮大，形成唐山地震文化体系，成为唐山市的宝贵文化财产。地震文化产生于地震灾害，并延续到地震灾害的痕迹消失，伴随着灾区的社会经济发展而日益繁荣。并对唐山地震以后我国发生的重大灾害预防、救援与恢复重建有重要借鉴、导向甚至程序化功能。

为纪念唐山地震 20 周年（1996 年），原河北理工学院（现华北理工大学）王子平教授等出版了专著《地震文化与社会发展——新唐山崛起给人们的启示》。书中阐述了地震文化的现实形态、窝棚文化、简易房文化、地震文化的一般形态、地震文化的精神内涵与物质依托、地震文化的精髓、地震文化与常时文化区别与联系。该书作者从文化学的角度探讨唐山地震灾害，通过总结震后 20 年唐山地震灾区抗震救灾与恢复重建的历程，考察了这场巨大灾害发生之后引发的一系列文化现象，揭示文化发展与灾害的关系，灾害文化与救灾减灾的关系，进而探讨地震文化与社会发展的关系。开创了我国地震文化研究的先河。

大多数地震灾害具有突发性和惨重性等特点。在极短的时间内，大量房屋建筑倒塌或严重破坏，并可能发生火灾、海啸、山体滑坡、泥石流、瘟疫等次生灾害；集中性地产生人员伤亡；民众的生活条件、医疗条件、防疫条件从平时的水准骤然跌落；生命线系统瘫痪或严重破坏；生活、生产、医疗、公安、商业、金融、教育、物流等正常的活动遭受不同程度的破坏。面对重大地震灾害，中国共产党的英明领导、社会主义制度的优越性、各级抗灾指挥组织机构的功能以及灾区人民的抗震精神，人定胜天的意志与决心，大灾伴生大爱的互救活动，"一方有难，八方支援"的中华优良传统，自力更生重建家园的自强理念等，都鲜明的显现在震后的抗震救灾进程中。因此，灾区的生活方式、行为方式以及生产方式等突发性地发生巨大变化，形成诸多新的文化生长点，并相应形成不同类型的地震文化。

汶川地震后，有学者从中华文化的角度探讨了多次地震灾害的文化现象。有学者认为，汶川地震以中华文化传统为基础，创生了新的思想理念——以人为本、科学发展、爱国主义、集体主义、民主法治、忧患意识、自强不息、厚德载物等；重大地震灾害彰显中华文化的无限生命力，人文主义、人道主义精神再次注入敬畏生命、珍惜生命的现代意识；并使中华民族的传统精神与时代精神有机结合，产生巨大的防震减灾功能与效果。正如我国近些年来其他地震灾害一样，汶川地震后呈现出中华文化凤凰涅槃的轨迹，身先士卒、仁德爱民、公而忘私、忧国忧民、同舟共济、守望相助等中华文化精华，又在地震灾区闪耀光芒。汶川地震后虽然有学者论及汶川地震文化，但并未展开深入研究，发表的相关著述很少。

地震文化产生明显的社会效益、生态效益与经济效益。例如：唐山地震通过自救、互救与公救，埋压在地震废墟下的 40 余万居民幸免于难。唐山地震文化对唐山地震救援、恢复重建与社会经济发展做出重要贡献。

地震灾害文化形成与发展的过程如图 9-1 所示。

在紧急救援阶段，比较重要的地震文化包括"三救"文化、医文化、食文化、住文化、衣文化、葬文化等，为灾民创造基本生存条件、生活条件、医疗条件、防疫条件，挽

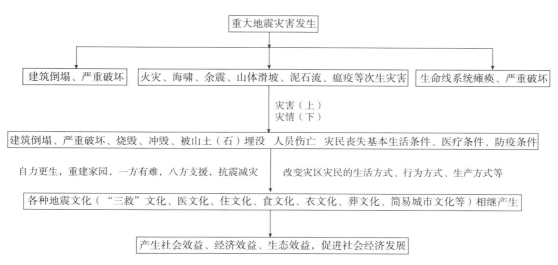

图9-1 地震文化形成与发展过程的示意图

救灾民性命，保护灾区民众身体健康，伤者得医，饥者得食，无家可归者、有家难归者有栖身之所，灾民有御寒衣物，大灾之后无大疫。

还应当指出，近几年我国研究生教育也开始关注灾害文化的研究。例如：2012年西南民族大学叶宏的"地方性知识与民族地区的防灾减灾——人类学语境中的凉山彝族灾害文化和当代实践"博士论文，2014年西南交通大学董国余的"唐山地震文化及其综合效益评价研究"硕士论文等，都对各自的课题进行了深入研究，有所发现，有所创新。

（3）日本的灾害文化研究系谱

日本是地震、海啸等多种灾害的频发国。20世纪80年代初以来，日本学者在灾害文化研究领域开展了比较广泛的研究，近几年仍有论著问世。表9-1汇集了日本灾害文化的部分研究成果。

日本灾害文化的部分研究成果 表9-1

第一作者	时间（年）	题名	主要观点
田広脩	1982	地震与居民	日本最早发表的关于灾害文化的研究成果。利用前述Wenger的理论，对1982年发生的浦河地震进行实证研究，把Wenger理论中的工具文化、表现文化分别解释为灾害的应对态势、居民的灾害观，研究结果表明实际的分析概念具有有效性。对于灾害文化的社会性继承既有有效性同时又有一定的限度。为了深入延伸上述研究成果，把日本人的灾害观划分为"天谴论"、"命运论"和"精神论"3个类型。这些灾害观是灾害文化的组成部分
田中重好	1989	灾害文化论序说	持续传承地域的受灾经验对于该地域的灾害文化形成与发展起重要作用
河田惠昭	1993	在水害常袭地域的灾害文化形成与衰退	随着硬件配置的进展，个人的受灾经验减少，灾害文化出现衰退现象，因此关于衰退现象的研究日益增多。水灾研究的减少以及有此引起的知识淡化，表明灾害文化确实在衰退
矢守克也	1996	关于灾害衰退的基础的研究	以长崎重大水灾为例，新闻报道量为指标，定量测定灾害的记忆长期衰退的过程，结果表明，新闻报道量呈指数函数衰减

第一作者	时间（年）	题名	主要观点
田中重好	1999	后卫的灾害研究—间接的受灾体体验与灾害文化	所谓"前卫灾害研究"是指主要把灾害的研究对象局限于受灾现场，研究的主要目的是掌握受灾的实际状况、紧急时的社会对应，应急的灾害恢复过程。而"后卫灾害的研究对象不限定于灾害现场，也不限定在以灾害发生为中心的短期内，而是把灾害融汇于民众日常生活的整体性之中。"逐步积累灾害文化的理论框架与受灾经验、灾害观的研究成果。以阪神地震为研究对象，探讨了没有受灾体验的民众怎样影响灾害文化，着眼于"间接灾害体验"的观点，发现灾害文化存在"中折"现象，大城市市民应对灾害有无力感，为此必须开展"后卫灾害研究"
笹本正治	2003	灾害文化史的研究	每个地域积累的有关灾害的习惯、传说称为灾害文化。通过考察灾害文化，现代人可以汲取过去积累的必要的防灾知识
金井昌信	2007	在海啸频发地域灾害文化的世代间传承的实态及其再生的提案	在研究个人受灾经验的基础上，开展受灾教训与智慧的传承、灾害知识传递的实证研究及其研究成果应用于灾害教育、城市建设的实践研究。着眼于地域社区的灾害传承与学校教育获得的灾害知识，实证研究居民获取的实态以及平时灾时对居民应对行动的影响，提议在学校开展防灾教育，以更广泛地传承灾害知识
島晃一	2010	关于受灾经验的衰退与灾害文化发展过程——考察	对有直接受灾经验与间接受灾经验的成年人与完全没有受灾经验的中学生进行比较研究，结果表明受灾经验的衰退状况存在差异，这可能是受"日常生活中大地震想法"的影响
松尾裕治	2010	从四国灾害的传说中提取、应用防灾措施的考察	传承以往的灾害知识，可以提高民众的防灾意识，并有助于通过自救、互救、公救的协作联动，形成强劲的地域防灾能力。依据这样的观点，收集、综合四国各地关于自然灾害的传承，对当前制定防灾对策有重要借鉴作用
塩飽孝一	2010	灾区的灾害经验在学校防灾害教育中的应用	作为灾区灾害教育的程序，为了收集、共享、传承过去的灾害经验，建议实施竞争、编写教材及其指南
高藤洋子	2013	防灾文化的作用—国际防灾协作与灾害文化的形成	以东日本地震为契机，在防灾教育中，确保灾害记忆不淡化，传承以往的灾害经验与教训有重要意义。把印尼和日本作为事例，相互学习类似的经验教训，本文探讨了防灾教育、国际合作和村落等
橋本裕之	2016	灾害文化的继承与创造	灾害的人类学、民俗学，地域的记忆，生活的恢复重建，价值的创造

  表 9-1 的研究成果中，既有专著、论文集、学术论文与研究报告，也有博士研究生论文。内容涉及地震、海啸、洪水、火山喷发等频发灾害的灾害文化形成与发展，灾害文化的基础理论、灾害观、衰退与淡化，前卫灾害研究和后卫灾害研究，灾害知识的传承与教育，灾害文化传承与"三救"协动的关系，灾害文化的继承与创造等。

  研究认为，灾害文化形成的主要原因是灾害反复发生，灾害发生前存在警戒期，遭受重大灾害以及身边的人受灾等；日本灾害文化研究的核心问题是灾害情报的传递、记忆与知识的传承，强化地域防灾和防灾城市建设，社会文化对恢复重建的贡献；以社会学为中心的研究重点聚焦在灾害文化的功能；在地理学研究领域，有把景观、生态领域显现的相关灾害问题作为灾害文化研究关注对象的倾向。

（4）西方国家的灾害文化研究概要

已如前述，美国最早提出灾害文化的概念，我国开创了地震灾害文化的先河，灾害多发国日本大多从功能论的角度研究灾害学。此外，西方一些国家在灾害文化领域也开展了诸多研究工作，其部分研究成果概要如下。

近些年来，西方国家灾害文化的研究视野比较宽广，不仅有功能论的分析研究，还有不少神、鬼怪以及灾害观、自然认识等方面的研究成果。灾害文化的研究范畴除了防灾减灾知识的积累、传承、系统化之外，还扩展到围绕灾害构筑的社会现象与文化现象以及对其的理解、世界观等。一些人为了理解灾害和超自然现象，减轻心灵上的痛苦，进行祈祷或其他礼仪，或者占卜灾害对日常生活的影响，看出了"灾害的基础构造"，并依此把自然灾害作为生活的一部分。广义的人类——环境关系的构筑过程具有鲜明的灾害文化特征。有学者为了减轻灾害造成的心理创伤，接受、了解灾害造成的苦难，依据神话与传说说明、解释发生灾害的成因。从社会火山学的角度，研究火山喷发对当地社会的文化反应以及由于灾害影响形成的传统和信仰体系等，而且理解这样的文化侧面，有助于提高灾区的社会恢复力。把频发灾害的地域积累的受灾经验作为文化资源，而且这些文化资源可以应用于防灾减灾。灾害文化研究强调传统知识、固有知识与科学知识的综合，传统知识、固有知识不仅包括知识、智慧和技术，还包括价值、规范、信仰、信念，即灾区共有的灾害观、自然认识等的总和。灾害文化研究不仅需要坚持传统知识、固有知识与科学知识的综合，还要重视功能论与认识论以及社会、政治、经济、文化，自然科学与人文社会科学，历史学、民俗学、人文地理学、文化人类学、地质学、地震学、气象学，历史资料、口头传承、民俗、传说、神话等的综合。许多论著全面论述了灾害文化的综合研究及其研究效果。

9.1.3 灾害文化的分类

（1）按灾害种类划分

目前研究比较多的是地震灾害文化、海啸灾害文化、洪涝灾害文化、火山灾害文化、火灾灾害文化、地质灾害文化、台风灾害文化、饥馑灾害文化等。

不同的灾害文化有不同的文化特征。例如：海啸灾害文化，在海啸频发地域，有关海啸灾害世代传承的行动文化（方法、态度、行动方式等）称为海啸灾害文化。其包括技术领域、精神领域和行动领域。技术领域是指防波堤、防潮堤、河川岸壁加固工程以及防灾情报设施（包括海啸预报预警系统）的规划与配置等；精神领域则是从精神上、观念上审视海啸灾害文化，究竟什么是海啸灾害，怎样捕获发生海啸的信息等的观念形态；从重要性上看，行动领域居三个领域之首，因为适当的行动可以化险为夷。例如：获得海啸预警信息后，在海啸到来之前到达安全之所（海啸避难场所、高层建筑的楼顶、高台等）避难，是幸免于难的良策。研究表明，海啸灾害文化具有防灾减灾的有效性和地域、空间、时间的有限性。所谓有效性是指海啸袭击区内的居民，在海啸到来之前，依据海啸灾害文化采取适当的行动，对保护居民的安全，维持家庭生活，存续地域社会体系起十分重要的作用；而有限性则是海啸袭击地域仅限于滨海的部分地域，海啸波高与沿岸溯上高度的水击空间，一次海啸的袭击时间一般只有几十分钟。如果是地震引发海啸，居民紧急利用从地震发生到海啸袭来的时域，到达海啸不及之处，能够确保人身安全。

（2）按灾害阶段划分

这种划分方法如图9-2所示。

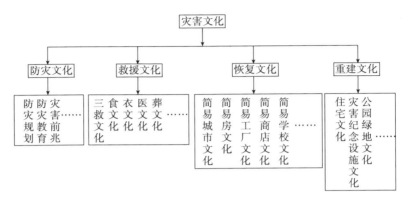

图9-2　各灾害阶段的灾害文化示意图

该图大体上勾勒出灾前（防灾）、灾后（救援与恢复重建）各阶段产生的不同灾害文化。或者说，灾害文化贯穿于灾害的全过程，并在全过程中依序发挥防灾减灾救灾以及社会经济发展功能。灾害文化及其功能是客观存在的，不以人的意志为转移。

每种灾害都有自身的文化及其形成、发展以及衰退过程。衰退是对灾害文化的失忆、淡化，是灾害文化传承在短时间内的停顿或受到外力干扰，但衰退不能阻挡灾害文化的发展。

9.2　地震文化的意义与内涵

重大地震灾害使灾区的生活方式、行为方式以及生产方式等突发性地发生巨大变化，形成诸多新文化生长点，并相应产生不同类型的地震文化。

唐山抗震精神是唐山地震文化形成与发展的重要精神支柱与灵魂。在党中央、国务院和中央军委的正确领导和全国军民的鼎力支援下，唐山人民发扬唐山抗震精神，奋发图强，自力更生，重建家园，发展生产，以卓有成效的管理与组织指挥才能，进行了一场规模宏大的群众性抗震救灾斗争。震后10年重建基本结束，一座崭新的城市在地震废墟上崛起。在这场艰苦卓绝、气壮山河的斗争中，创造了人类同地震灾害斗争的许多人间奇迹。唐山抗震精神值得继承、发扬与进一步深入研究。地震文化可以把精神财富变成物质财富，物质财富转化为精神财富。地震文化的产生、发展、完善与社会效益形成地震文化研究的完整形象，社会效益、生态效益和经济效益是地震文化产生、发展、完善的结果与动力。

地震文化是灾害文化的重要组成部分，又是灾害社会学、灾害管理学的重要学科内容。地震文化的研究成果有助于推动创建灾害文化学，充实灾害社会学与灾害管理学。唐山地震文化的诞生地在唐山，提出并深入研究唐山地震文化的是唐山市的灾害社会学研究人员，《地震文化与社会发展——新唐山崛起给人们的启示》、《唐山地震震后救援与恢复重建》、《城镇避难场所规划设计》、《地震灾害应急救援与救援资源合理配置》等多部专著从不同的视野研究了唐山地震文化。这些专著和其他论著是唐山地震抗震救灾的经验总结，展现出极为丰富的地震文化内涵，对汶川地震等灾后救灾也起了重要导向作用。

唐山地震文化体现"以人为本"、"民生第一"、"预防为主"的综合防灾减灾与灾害科学管理的基本原则。唐山地震文化的研究，实质上是地震灾害的多元研究，可有力地推动灾害社会学、灾害管理学的发展。

唐山地震后，积极培育地震文化产业。例如：合理规划建设，科学管理唐山地震遗址纪念公园等地震文化项目，策划防震减灾成果展览，彰显唐山抗震设防水准高、安全宜居的城市形象；围绕地震文化开发、生产相关的文化产品、旅游纪念品；力求唐山地震文化与旅游、会展等产业有机结合，实现各个产业同发展、共生存、相得益彰，提升唐山在国内外的知名度与影响力。

唐山地震文化虽然具有唐山的地方特色，但其研究成果有普遍的实用意义，可供国内外其他地震灾害借鉴。像汶川地震已过去8年，救援阶段的自救文化、互救文化、帐篷与帐篷村地震文化等已经消失，有些地震文化尚在不断发展。

唐山地震文化社会效益的研究是对唐山地震文化各种功能的系统总结，是对唐山地震文化的高度肯定与褒扬，将全面研究继承发扬唐山地震文化的重要性，领略震后各个发展阶段的社会效益，并创新性地提出一些新的理念与理性认识，以求推动唐山地震文化进一步健康发展。

研究紧急救援阶段的地震文化尤为重要。研究内容突出"以人为本"，维护国家安全，稳定灾区社会治安，创造基本生活条件、医疗条件、防疫条件，保护灾民性命与健康，减少人员伤亡与经济损失。扒救埋压在地震废墟中的灾民，抢救重伤员必须争分夺秒，有一分希望，就要全力抢救，这是一种责任、一种使命，而且抢救一旦成功，更充满尊严感、幸福感、成功感和荣誉感。

唐山地震文化的内涵相当丰富、深邃。

在唐山地震灾害的紧急救援阶段，地震文化产生的大致顺序是自救文化、互救文化、公救文化、医文化、食文化、衣文化、住文化以及葬文化等。之后相继出现防疫文化、简易城市文化、清墟文化、"搬迁倒面"文化、建筑文化、纪念设施文化、公园文化、地震文学与艺术文化、港口文化以及其他地震文化。

随着震后时间推移，有些地震文化，相继消亡，但其精神永存。例如：自救文化、互救文化产生于地震灾害发生后的几小时、几天，但不畏灾难，自力更生，相互帮助、互相救助的精神传为佳话，增强"人定胜天"的信息与勇气。有些地震文化具有永久性的教育意义，像地震遗址文化、纪念设施文化、公园文化等。

①人员伤亡与地震文化。已如前述，唐山地震人员伤亡惨重，并有近万个家庭解体，2652名儿童成为孤儿，895人成为孤老，截瘫患者1814人。由于大量人员伤亡，又缺医少药，唐山地震灾区的生活方式与行为方式发生重大变化，由此灾后出现了医文化、简易房文化、葬文化、截瘫文化等。由于严重地震灾害伤亡人数多，分布地域广，伤害类型复杂，必须及时、有效救治，医文化对抗震救灾有极为重要的意义。

②建筑破坏与地震文化。唐山地震各类建筑的破坏极为严重，顷刻间极震区的绝大多数建筑夷为废墟。严重破坏和倒塌的各类建筑的面积高达1116.95万平方千米，占原建筑总面积的95.5%。由于建筑大量倒塌和严重破坏，居民丧失居民条件。为了解决居民的

临时住所相继出现了窝棚文化、简易房文化等。

③经济损失与地震文化。经济损失主要包括工业设备损失、基本建设投资损失以及资产损失等。唐山地震造成唐山市的资产损失折合人民币近60亿元。工业资产损失最严重，占损失总额的68.6%；其次是科、教、文、卫，占损失总额的13.5%。巨大的经济损失，唐山市重灾区的工农业生产、市场流通等陷入瘫痪状态，恢复生产，恢复商品流通过程中，形成了简易城市文化，包括简易工厂文化、简易学校文化和简易商店文化等。

④社会组织短期瘫痪与地震文化。唐山地震突发后，社会组织一度处于瘫痪状态。由于社会组织遭受破坏，在震后极短的时间内地震灾区处于无领导、无组织、无序的混乱社会状态。因此，在震后最初的一段时间内，扒救埋压在废墟中的群众、救治伤员、维护社会治安等主要靠灾区群众自发地、互助地、自觉地进行。而从这种状态向有组织、有领导的状态转化，有待原有组织的恢复与抗震救灾组织机构的新建。中央抗震救灾指挥部、河北省唐山抗震救灾指挥部、唐山市抗震救灾指挥部和各个基层抗震救灾机构的建立，形成了抗震救灾组织机构的完整体系，卓有成效地领导、组织、指挥抗震救灾工作。

9.3 灾害文化的重要功能

灾害文化的重要功能显现在灾前防灾，灾后救援、恢复重建，永存型灾害文化的重要功能一直延伸到灾后城市社会经济发展阶段。消失型的灾害文化在完成其防灾减灾救灾功能后，随即消失。

灾害文化的重要功能示意图如图9-3所示。

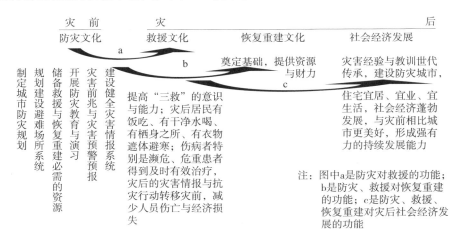

图9-3 灾害文化的重要功能示意图

由于灾害文化的功能相当丰富，且各灾害文化功能之间又有千丝万缕的联系，以下以唐山地震为主线简介其中的部分重要功能。

（1）防灾文化功能

主要包括制定城市防灾规划（建设防灾城市规划、城市防灾10年规划、城市频发灾种防灾规划等），按照城市避难场所发展规划建设避难场所系统（避难道路、避难所、防灾设施），储备灾后救援与恢复重建必需的人力资源、物力资源与财力资源，定期或不定期的开展防灾教育与演习，传承防灾经验与教训、普及防灾知识、提高城市居民特别是城市领导者的防灾意识与能力，建立城市灾害前兆收集分析与预报预警系统。这些防灾文化为灾后救援尤其是紧急救援、恢复重建与灾后城市社会经济发展奠定精神与物质基础。例如：确保抗灾精神、灾害文化世代传承、不淡化衰退，灾害教育起重要作用；规划建设避难场所系统、储备灾时必备的救援物资，为居民创造基本生活条件（吃、喝、住）；城市医务人员、医疗设施与药品的合理储备、调拨与配置，是灾后医治伤病患者特别在紧急救援阶段起极为重要的作用，亦有"大灾之后无大疫"之功效；收集、综合分析灾害前兆，为灾害预报提供依据，建设健全包括预报预警系统在内的灾害情报系统，把灾后情报转换为灾前情；如果一座城市建成了防灾城市，将实现"有灾无害"、"大灾小害"的防灾目标。

由此可知，"预防为主"以及灾后情报转换成灾前情报应当是防灾减灾的前提与基础。防灾文化的巨大功能已得到大量灾害的实证研究证实。海城地震成功进行临震预报，把灾后情报转换成灾前情报，估计减少十万余人死亡；近些年来，东南沿海遭受多次强台风，例如：2016年9月在几天时间内接连发生"鲇鱼"、"暹芭"两次超强台风。由于预先采取船只回港避风，空路、铁路、公路临时停航停运，学校停课等多种防风措施，有效减少人员伤亡；城市宜有适度的抗灾设防。

为了预防地震灾害，有的城市按当地可能发生的最大地震烈度设防，即使发生重大地震灾害，住宅以及其他建筑设施不倒塌、不严重破坏；国家、省、市设置的救援物质储备仓库在历次重大灾害中起了重要救援作用；合理规划城市用地，不在频发重大灾害的地域（地势低洼易涝处，容易发生崩塌、滑坡、泥石流、液化的场地，可能遭受海啸、大潮袭击的地域等）建造住宅等建筑设施；规划建设"八卦式"、"蜘网状"城市街道，有多条道路冗余，即使个别道路堵塞，救援道路、消防道路也确保畅通；频发重大雪灾的城市建造坡度较大的屋顶，积雪容易靠自身重力下滑；常受超强台风袭击的城市，宜提高建筑设施的抗风强度。

应当指出，我国有些城市"重救轻防"、救援与恢复重建"等、靠、要"的思想十分严重。突出表现在城市没有抗灾设防或设防水准较低；没有按照国家标准规划建设避难场所系统；城市救灾物资储备库及其资源配置不能满足救援的需求；不搞防灾教育与演习或者只是流于形式，不起灾害文化的传承作用等。

（2）灾害"三救"文化功能

扒救埋压在地震废墟中的灾民是紧急救援阶段的重要任务。在通常情况下，自救、互救、公救接续、融合、共存，形成综合扒救功能。埋压在地震废墟和山体滑坡体内的灾民生存环境极为恶劣。被埋压者的藏身空间有限且随余震或滑坡体移动不断缩小，埋压的时间越长，窒息而亡的可能性越大；有些被埋压者不同程度受伤，特别是重伤人员因伤势过重流血过多等原因，在埋压一定时间后死亡；即使有的被埋压者藏身空间较大，但由于无食、无水或时值严冬也会随时间推移冻饿而死等。也就是说，有些被埋压者有或长或短的生命生存期，过了生存期，就是被扒救出也是死者。"三救"对扒救埋压在地震废墟中的灾民有重要贡献。

①从扒救出的人数看，自救和互救多。这是因为公救的救援活动接续于自救和互救，且自救和互救扒出者大多位于地震废墟的表层或浅层，用手或常用工具即可扒救。公救的扒救难度大，主要扒救废墟下层和底层的被埋压灾民或需要重型机械、生命探测器等设施

方能扒救。

②"黄金24小时"扒救出的灾民救活率最高。在此期间，被埋压的灾民大多在废墟环境下的生命生存期内，无论是唐山地震还是阪神地震救活率都在80%以上。过了"黄金72小时"，扒救出是人数与死亡人数之差越来越小，即救活率越来越低，震后一周，生存者甚微。

③采取有效措施可以提高扒救救活率。提高建筑抗震设防水准和室内家具类的抗翻倒能力，即使建筑倒塌，废墟内也有较大的生存空间，延长生存期；平时通过防震减灾教育与演习，增强社区居民间的亲近感，育成居民自救、互救的意识、方法与技能，就是灾时被埋压在废墟中也能沉着冷静设法自救；公救开始后，组成扒救、救护和伤员运输相结合的救援体系，利用现代设备、搜索犬以及大型救援设施扒救出灾民后，伤者得到现场救治，并快速转移到医院治疗；充分发挥紧急救援要素系统的综合救援功能，消除救援资源运输"瓶颈"，为紧急救援创造快速、有效的条件与环境。

邢台地震、唐山地震、汶川地震等重大地震灾害通过自救、互救、公救从地震废墟中扒救出百万左右的被埋压者。可见"三救"文化对抗震救灾的阶段贡献。

互救、公救的场景如图9-4所示。

图9-4　互救（左，唐山地震）与公救（汶川地震）

（3）灾害医文化功能

以唐山地震、汶川地震为例。

①唐山地震。唐山灾区医务人员伤亡与医院建筑、医疗设施破坏惨重。在震后极为困难的条件下，各医疗卫生机构发扬自力更生、艰苦奋斗的精神，在中国人民解放军和医疗队的支援下，开设简易门诊和病房，为伤病员服务。震后必须立即组成医护水平比较高、医学专业结构组成合理、药品与器材适用的医疗队伍奔赴地震灾区。伤员医治采取灾区就近医治和重伤员运往外地治疗两种方式。就近医治主要有以下几种途径：灾区设临时包扎点和医疗点；利用地震灾区震害较轻的医疗机构；利用唐山军用飞机场就近医治；中国人民解放军和医疗队在灾区就近医治。唐山地震后，支援灾区的医疗队成为就医治伤员的主要医疗力量。采用空运、铁路与公路外运的重伤员共有10万多人。经过精心医治，大部分伤员恢复了健康，返回家乡，与亲人团聚，重建家园。截止1977年10月绝大多数伤员返回唐山，少量未痊愈的伤员安排在石家庄等地市继续治疗。截瘫文化是唐山地震产生的

一种重要地震文化。截瘫，改变了截瘫患者及其护理者的生活方式和行为方式。由于妥善安置，精心医治与护理，创造了良好的生活条件与生活环境，大多数截瘫患者突破了所谓的"生命极限"，创造了人间奇迹。唐山地震时值夏季，在已经出现传染病蔓延态势的情况下，能够尽快控制肠炎、痢疾的传播，妥善治愈重伤员，"大灾之后无大疫"。

②汶川地震。震后"黄金72小时"内实现重灾区（11个市、区）急救灾害医学全覆盖；然后全覆盖延伸到11个市（州）、67个县（区）、950个乡镇；震后2周采取"集中伤员、集中专家、集中资源、集中救治"的"四集中"救治危重伤员的策略；震后3周完成10373名伤员向外地医院安全转运。唐山地震、汶川地震的部分医文化如图9-5所示。

图9-5 唐山地震、汶川地震（图下层）的部分医文化

（4）灾害食文化功能

重大灾害发生后，必须为广大灾民创造基本的饮食条件。

唐山地震的紧急救援阶段，主要采取了两种供水方法。其一，震后紧急从北京市等省、市抽调消防车、洒水车，利用唐山市自来水公司配水厂储水池的水，给灾区群众流动供应饮用水；其二，组织各厂矿企业和农村的自备井、机井等为灾民供水。由于震后停电，采用柴油发电机、手摇辘轳等为取水动力。为了确保饮用水的清洁，送水车和各家各户的盛水用具坚持消毒，并号召饮用沸水，对防疫灭病起了重要作用。在瓶装矿泉水生产快速发展，各城市有大量储备的情况下，严重灾害发生后，及时、适量供应矿泉水，是解决清洁饮用水的重要途径。震后，唐山市区绝大多数群众丧失了生产熟食的基本条件。熟食供应是震后最初几天必须解决的重要问题之一。震后组织河北省非灾区的地、市突击生产熟食。中国人民解放军、国家有关部门、北京市、上海市、辽宁省也给灾区紧急赶制、运送熟食。到地震的第二天，运至唐山军用飞机场的熟食已有数十万千克。并组织飞机空投给灾民。震后的前几天共收到省内外支援的熟食487万千克。在空投熟食的同时，积极组织成品粮运往灾区。群众的口粮供应采用"供给制"，每人每天450克。以后陆续定量供应猪肉、食盐、咸菜、食用碱、火柴等。成功地解决了灾后居民的吃饭问题。"民以食为天"，严重灾害后适时、适量、持续地为居民供应食品（熟食、饼干、糕点、罐头等）是解决居民基本生活的重要方面与重要物资保障。灾害食文化内容丰富，但目的是为灾区居民提供饮与食（见图9-6）。

（5）灾害住文化功能

灾害住文化的基本功能是为灾民提供栖身之所。

在紧急救援阶段，地震灾害住文化的发展沿革是露宿、窝棚、简易房、帐篷与帐篷村，然后发展到过渡安置房。露宿是紧急救援阶段的一种重要避难宿住方式。由于地震初期住宅建筑倒塌或严重破坏，有些受到一定程度震害的住宅尚未进行安全鉴定不能贸然宿住，而且窝棚、简易房等尚不能满足灾民的入住需求，只能露宿街头、公园、广场等。邢台地震、唐山地震主要是简易房，到汶川地震先是简易房、帐篷村，然后是过渡安置房。后者有多种形式和材质，其外墙、屋顶大多采用保温、抗震、耐火、耐用性能好的彩钢保温板，外窗的材质为塑钢。并且，进行用地内的总平面设计、建筑设计、结构设计、给排水设计、采暖通风设计、电气设计、消防设计、灾害管理机构建筑设计和环境设计等。有合理的设计程序、完善的防灾设施和必需的生活设施以及教育设施、医疗设施、卫生设施等。在过渡安置房中，彩钢过渡安置房具有更高的防灾功能，更好的生活条件与环境，是未来中长期避难所的发展方向。图9-7是灾害住文化的部分场景。

尼泊尔地震

云南景谷地震　　　　　　　　　　汶川地震

图9-6　灾害食文化部分场景

东日本地震　　　　　　　　　　　新西兰地震

唐山地震　　　　　日本关东地震　　　　　南亚地震

东日本地震伴生海啸　在高楼屋顶避难

我国地震灾害帐篷村

汶川地震过渡安置房

图9-7　灾害住文化的部分场景

（6）地震葬文化功能

震后唐山市区有将近 10 万具遗体，埋葬于唐山市郊区。还有部分遇难者遗体由亲属临时掩埋在市区，1976 年冬天，唐山防疫人员和 2000 多名民兵，把这些遗体全部挖出，迁入郊外 8 个公墓深埋合葬。

玉树地震后玉树藏族自治州灾区近千名遇难者的遗体在寺院安放三天后集体火葬，上千名家属到现场含泪送别亲人，数百位僧侣在活佛带领下为亡灵诵经超度，给逝者以尊严，给生者以安慰。火葬当日清晨，主持火葬的结古寺僧人把集中在寺内的遇难者遗体分批运往结古镇南部半山腰的扎西大通天葬台火葬。玉树地震、尼泊尔地震火化情景如图 9-8 所示。

玉树地震集体火葬　　　　　　　　　　　尼泊尔地震火葬

图 9-8　玉树地震、尼泊尔地震火化情景

葬文化是中华民族几千年文化文明史的一部分。灾害葬文化的功能是按照民族习俗、信仰埋葬灾时的遇难者，表达哀悼、慰问之情。也是灾后防疫的重要措施。

（7）简易城市文化功能

见本书 2.3.3 城市灾害的延续性。

（8）唐山地震凤凰文化功能

唐山地震凤凰文化源于唐山凤凰山。凤凰山顶建一凤凰亭，传说曾有凤凰飞落。

据神话传说，凤凰每次死后，会周身燃起大火，然后在烈火中重生，并较之以前有更强大的生命力，称之为"凤凰涅槃"。如此周而复始，凤凰获得永生。

常称唐山市是凤凰城。唐山地震 40 年来，唐山市从一片废墟建成一座现代化城市，被称之为城市凤凰涅槃。2016 年唐山市举办的世界园艺博览会主题为"城市与自然·凤凰涅槃"。

唐山地震凤凰文化推动了唐山市的社会经济发展，改善了唐山市的生活环境、生态环境、居住环境、可持续发展环境。

唐山地震凤凰文化主要有凤凰公园（凤凰山公园、凤凰湖公园）文化、凤凰建筑文化（凤凰新城、凤凰大厦）、唐山南湖凤凰文化（凤凰台、丹凤朝阳）、凤凰园餐饮（烤鸭店、饺子宴、美食城）文化等（见图 9-9）。

（9）纪念设施灾害文化功能

①唐山地震遗址纪念公园

公园占地总面积约 40 万平方米，内有遗址区、纪念水区、场馆区和纪念林区，园内建有中国·唐山地震博物馆、主题雕塑、大地震纪念墙、纪念大道、纪念广场、纪念水池等一系列设施，是世界上首个以"纪念"为主题的地震遗址公园，也是弘扬唐山抗震精

凤凰山公园　　　　　　凤凰湖公园　　　　　　南湖凤凰台

凤凰新城　　　　　　凤凰大夏

凤凰园餐饮系列　　　　　　　　　丹凤朝阳

图 9-9　唐山凤凰文化

神、开展爱国主义教育、宣传推介唐山抗震成就和防震减灾科普教育的重要基地。建设唐山地震遗址纪念公园的宗旨是"对自然的敬畏、对生命的关爱、对科学的探索、对历史的追忆"。

图 9-10 是刻有 24 万罹难者姓名的纪念墙。

②唐山抗震纪念碑（见图 9-11）

图 9-10　唐山地震遗址纪念公园纪念墙　　　　图 9-11　唐山抗震纪念碑主碑

由主碑与副碑组成。主碑是 4 根相互独立的钢筋混凝土碑柱，碑柱上端的造型有四个收缩口，犹如伸向天际的巨手，象征人定胜天。碑身四周高 1.5 米处，为 8 幅花岗岩浮雕，象征着全国四面八方的支援。浮雕记述了地震灾害和唐山人民在全国支援下抗震救灾、重建家园的英雄业绩。在碑身高 8.5 米处镶有一块长 3.86 米、宽 1.6 米的不锈钢匾额，上刻"唐山抗震纪念碑"七个大字。

副碑位于主碑北侧 33.5 米处，碑宽 9.5 米，高 2.96 米，用花岗岩石块以废墟形式砌成，表现唐山地震的历史事件。碑身长 4.3 米，高 1.6 米，正面为磨光青花岗石镶嵌，上面镌刻碑文，内容如下：

唐山乃冀东一工业重镇，不幸于一九七六年七月二十八日凌晨三时四十二分發生強烈地震。震中東经一百一十八度十一分，北緯三十九度三十八分，震級七點八級，震中烈度十一度，震源深十一公里。是時，人正酣睡，萬籟俱寂。突然，地光閃射，地聲轟鳴，房倒屋塌，地裂山崩，數秒之內，百年城市建設夷爲虛土，二十四萬城鄉居民殁于瓦礫，十六萬多人頓成傷殘，七千多家庭斷門絕煙。此難使京津披創，全國震惊，盖有史以來爲害最烈者。

然唐山不失爲華夏之灵土，民眾無愧于幽燕之英杰，雖遭此滅頂之災，終未渝回天之志。主震方止，餘震頻仍，幸存者即奮挣扎之力，移傷殘之軀，匍匐互救，以沫相濡，譜成一章風雨同舟、生死與共、先人後己、公而忘私之共產主義壯曲悲歌。

地震之後，党中央、國務院急電全國火速救援。十余萬解放軍星夜馳奔，首抵市區，捨生忘死，排險救人，清虛建房，功高盖世。五萬名醫護人員及幹部民工運送物資，解民倒懸，救死扶傷，恩重如山。四面八方捐物贈款，數十萬吨物資運達災區，唐山人民安然度過缺糧斷水之絕境。與此同時，中央慰問團親臨視察，省市党政領導現場指揮，諸如外轉傷員、清尸防疫、通水供電、發放救济等迅即展開，步步奏捷。震後十天，铁路通車；未及一月，學校相继開學，工廠先後复產，商店次第開業；冬前，百餘萬間簡易住房起于废墟，所有灾民無一凍餒；灾後，疾病減少，瘟疫未萌，堪称救灾史上之奇迹。

自一九七九年，唐山重建全面展開。國家撥款五十多億元，集設計施工隊伍達十餘萬人，中央領導也多次親臨指導。经七年奋战，市區建成一千二百萬平方米居民住宅，六百萬平方米廠房及公用設施。震後新城，高樓林立，通衢如織，翠蔭夾道，春光融融。廣大農村也瓦舍清新，五谷豐登，山海辟利，百業俱興。今日唐山如劫後再生之鳳凰，奋翅于冀東之沃野。

撫今追昔，倏忽十年。此間一碑一石一草一木都宣示着如斯真理：中國共產党英明偉大，社會主義制度無比优越，人民解放軍忠貞可靠，自主命運之人民不可折服。爱立此碑，以告慰震亡親人，旌表献身英烈，鼓舞當代人民，教育後世子孫。特制此文，镌以永志。

唐山市人民政府

一九八六年七月二十八日

③华北理工大学图书馆楼地址遗址

唐山地震后，经国务院批准，唐山市保留了 7 处典型的地震遗址。40 年来，参观、考察者数以百万计，取得了显著的社会效益。使更多的人了解严重地震灾害给人类带来的惨重灾难，提高人们的综合防灾意识，树立建设防灾城市的新理念；弘扬唐山抗震精神以及"一方有难，八方支援"的优良民族传统，鼓舞当代民众，教育后代子孙；同时，也为地震工作者提供了考察、研究的珍贵资源，促进了地震文化与地震工程学的繁荣与发展。

图9-12　华北理工大学图书馆楼地震遗址

华北理工大学图书馆楼地震遗址（见图9-12）是我国为数不多、非常珍贵的自然灾害型遗址。保存非常完整，基本保持了震时破坏的原貌，建筑结构的破坏形式极为典型，具有很高的科学研究价值。该遗址在华北理工大学主校区内。华北理工大学的图书馆学、地震工程学的研究人员，对该遗址进行了深入研究，出版了专著《图书馆、档案馆抗震减灾机制研究》，发表了"图书馆地震遗址及其学术价值研究"、"图书馆地震灾害与对策"、"地震遗址实物档案的保护与利用"等多篇学术论文。

图书馆楼1975年初动工，地震发生前即将竣工。原设计没有抗震设防，建设中发生了海城地震，加固了阅览室的梁柱节点。图书馆楼总建筑面积4900平方米，由阅览室、书库和办公区三部分组成。书库采用4层现浇钢筋混凝土无梁结构，层高2.25米；阅览室为3层预制装配式钢筋混凝土框架结构，层高4.5米。

图书馆楼位于唐山地震烈度XI度的极震区，没有抗震设防的建筑结构无力抗御强烈地震动的破坏作用。办公区的建筑全部倒塌。书库底层的钢筋混凝土柱因剪切全部倒塌，上部三层坐落，整体向北偏东方向错位约1米。阅览室的西部、中部和东端建筑倒塌，只残留两个开间保持原有的框架结构。图书馆楼的倒塌，剪切、坐落、错位以及原有结构的残留现象，真实地显现出抗震设防水平、建筑结构类型以及结构布局对抗震性能的影响，有重要的科学研究价值。

上述灾害文化功能既有唐山地震灾害文化的个性，也有灾害文化的普遍性。主要包括防灾减灾功能，恢复重建功能，促进社会经济发展功能，完善健全生活环境、生态环境、可持续发展环境功能等。灾害文化是城市成功开展防灾减灾救灾，取得社会效益、经济效益、生态效益、可持续发展效益的一个重要侧面。

还应当指出，除上述的灾害文化外，还有公园绿地灾害文化、文学艺术灾害文化等。

9.4　地震文化的消亡与永存

唐山地震文化中有一些已经消亡，称之为消亡型地震文化；有些将继续存在与发展，称之为永久型地震文化。

图9-13给出了消亡型地震文化与永久型地震文化的示意图。

消亡型地震文化存在或长或短的一段时间后，随即消亡。像自救文化、互救文化的生存期通常为"黄金24小时"、"黄金72小时"，主要功能是救命、保命、保身体健康，维

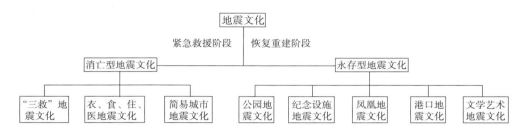

图 9-13　消亡型地震文化与永久型地震文化示意图

持最基本的生存条件与环境；公救文化、简易房文化可延续数月或更长时间，在时间上，是自救、互救的接续，进一步提高灾区灾民的生活条件、医疗条件和防灾条件。永存型地震文化从其形成之日起就有强劲的生命力，有如公园文化、凤凰文化、纪念设施文化、地震文学与艺术文化、港口文化等，伴随震后城市恢复重建与社会经济发展而发展，并持续性地取得社会效益、生态效益和经济效益。

消亡型地震文化之所以发展到一定程度消亡，是因为这些地震文化的自身能力有限，经过或长或短的时间完成了其承担的使命。一次重大地震灾害发生后，不仅自救、互救时间有限，即使是公救在经历一段时间后，也会终止，不存在永久型"三救"文化的地震灾害。

一种地震文化消亡后，其社会效益将被延续，成为灾区恢复重建与社会经济发展的基础或重要组成部分。像扒救出的幸免于难者，是互救的重要人力资源，并为恢复重建与社会经济发展做出贡献；创造的防灾条件确保大灾之后无大疫，对保护灾民身体健康，维护社会秩序稳定，减少人员伤亡与经济损失，起重要作用。

参考文献

一 著者的部分研究成果

（一）著作

1. 苏幼坡，陈建伟，王卫国．地震灾害应急救援与救援资源合理配置［M］．北京：中国建筑工业出版社，2016.

2. 苏幼坡．城市灾害避难与防灾疏散场所［M］．北京：中国科学技术出版社，2006.

3. 苏幼坡，王兴国．城镇防灾避难场所规划设计［M］．中国建筑工业出版社，2012.

4. 苏幼坡，苏经宇，苏春生等．城市生命线系统震后恢复的基础理论与实践［M］．北京：地震出版社，2002.

5. 于山，苏幼坡，刘天适等．唐山大地震震后救援与恢复重建［M］．北京：中国科学技术出版社，2003.

6. 苏幼坡，朱庆杰，陈静等．城镇用地防灾适宜性评价与避难场所规划［M］．北京：中国科学技术出版社，2012.

7. 朱庆杰，苏幼坡．城市防灾技术——ADINA-M 建模和 IDRISI 防灾决策［M］．北京：中国科学技术出版社，2007.

8. 张玉敏，苏幼坡，韩建强．建筑结构与抗震设计［M］．清华大学出版社，2016.

9. 陈艳华，苏幼坡，朱丽．自然灾害的预防与自救避难［M］．北京：中国建筑工业出版社，2012.

（二）论文集

1. 河北省地震工程研究中心，华北理工大学建筑工程学院．河北省地震工程研究中心期刊论文选集［C］．2015.

2. 周锡元，苏幼坡，马东辉等．城市与工程安全减灾研究与进展［C］．北京：中国科学技术出版社，2006.

（三）学术论文

1. 苏幼坡，陈艳华，陈建伟等．老龄化社会重大地震灾害老年人的紧急救援［J］．世界地震工程，2015，31（4）：31~35.

2. 王卫国，洪再生，苏幼坡等．山地地震灾害紧急救援规划的原则与要点［J］．世界地震工程，2015，31（4）：108~112.

3. 陈建伟，陈艳华，苏幼坡等．重大地震灾害紧急救援的基本方式—自救、互救与公救［J］．世界地震工程，2015，31（2）：114~118.

4. 陈建伟，杨珺珺，苏幼坡．一种不容忽视的地震次生灾害——室内家具类翻倒、移动、落下［J］．世界地震工程，2015，31（1）：144~148.

5. 陈建伟，宋小青，苏幼坡．地震灾害避难场所的类型演变与防灾功能［J］．世界地震工程，2014，30（2）：69~72.

6. 李延涛，王卫国，陈建伟等．地震复合灾害与紧急救援对策［J］．世界地震工程，2014，30

（1）：119～125.

7. 陈建伟，王卫国，苏幼坡等 . 地震应急救灾资源配置模型研究［J］. 世界地震工程，2013，29（4）：33～37.

8. 杨珺珺，陈建伟，苏幼坡等 . 山地城镇地震灾害防灾避难场所的安全设计［J］. 安全与环境工程，2013（5）：6～10.

9. 陈建伟，苏经宇，苏幼坡 . 场地地震液化的主要影响因素分析［J］. 安全与环境工程，2013，20（4）：18～22.

10. 王卫国，陈建伟，苏幼坡 . 防灾公园的防火树林带及其防火功能［J］. 安全与工程环境，2013，20（3）：32～35，41.

11. 王卫国，陈建伟，苏幼坡 . 地震紧急救援物流瓶颈与对策研究［J］. 世界地震工程，2013，29（3）：36～40.

12. 陈建伟，王卫国，苏幼坡等 . 地震灾害避难弱者及其救助规划［J］. 世界地震工程，2013，29（2）：52～56.

13. 王卫国，陈建伟，苏幼坡 . 日本地震灾害死者死因分析与思考［J］. 世界地震工程，2012，28（3）：70～74.

14. 苏幼坡，张玉敏，王绍杰等 . 从汶川地震看提高建筑结构抗倒塌能力的必要性和可能性［N］. 土木工程学报，2009，42（5）：25～32.

15. 苏幼坡 . 避难资源配置的主要途径［J］. 现代职业安全，2009（5）：76～77.

16. 苏幼坡，初建宇，杨珺珺 . 建筑标准的灾害防灾理念 .2009，31（1）：106～109.

17. 朱庆杰，苏幼坡，陈静 . 城市居住用地防灾适宜度评价的 OWA 法［J］. 地理研究，2009，28（1）：1～10.

18. 苏幼坡 . 避难所的安全评价［J］. 现代职业安全，2009（1）：84～86.

19. 苏幼坡 . 避难动机、避难选择与行动［J］. 现代职业安全，2008（11）：87～89.

20. 葛楠，苏幼坡，王兴国 . 建筑物滚动摩擦隔震理论［N］. 河北理工大学学报（自然科学报），2008，30（4）：132～136.

21. 苏幼坡 . 吸取经验教训提高城市防灾能力［J］. 城市环境设计，2008（4）：22～24.

22. 苏幼坡，张玉敏 . 唐山震后恢复重建过程及启示［R］. 汶川地震震害分析震后重建研讨会，北京，2008.

23. 苏幼坡，张玉敏 . 唐山大地震震灾分布研究［J］. 地震工程与工程振动，2006（3）：18～21.

24. 苏幼坡，张玉敏 . 唐山市丰南区抗震减灾资源配置研究［J］. 参见：周锡元、苏幼坡，马东辉 . 城市与工程减灾研究与进展 . 北京：中国科学技术出版社，2006，50～53.

25. 于山，王海霞，苏幼坡 . 城市防灾工程投资优化模型研究［J］. 工程抗震与加固改造，2005（6）：89～93.

26. 于山，苏幼坡，马东辉等 . 钢筋混凝土建筑抗倒塌设计［J］. 地震工程与工程振动，2005，25（5）：67～72.

27. 苏春生，苏幼坡，焦广信等 . 寿命成本法评价城市建筑地震风险［J］. 世界地震工程，2005，21（3）：52～56.

28. 朱庆杰，苏幼坡 . 唐山市地质灾害综合防灾研究［N］. 防震减灾工程学报，2005，25（3）：309～314.

29. 马亚杰，苏幼坡，刘瑞兴 . 城市防灾公园的安全评价［J］. 安全与环境工程，2005，12

（1）：50~52.

30. 苏幼坡，苏经宇，刘瑞兴. 城市应对突发事件的应急响应 [G]. 2004 年城市规划年会论文集（下），北京，2004.

31. 李延涛，苏幼坡，刘瑞兴. 城市防灾公园的规划思想 [J]. 城市规划，2004（5）：71~73.

32. 苏幼坡，马亚杰，初建宇等. 日本防灾公园类型、作用与配置原则 [J]. 世界地震工程，2004，（4）：27~29.

33. 苏幼坡，刘瑞兴. 防灾公园的减灾功能 [N]. 防灾减灾救灾工程学报，2004，24（2）：232~234.

34. 朱庆杰，苏幼坡，刘廷全. 唐山市岩溶塌陷安全评价 [N]. 中国安全科学学报，2004，14（2）：91~93.

35. 苏幼坡，刘瑞兴. 城市避难疏散场所的规划原则与要点 [J]. 灾害学，2004，19（1）：87~91.

36. 苏幼坡，徐美珍，刘英利. 自救与互救——重大地震灾害后扒救灾民方式 [N]. 河北理工学院学报（社会科学版），2003（3）：33~35.

37. 苏幼坡，刘天适，杨珺珺等. 时间就是生命 [J] ——震后"黄金 24 小时"的分析. 城市与减灾，2002（3）：21~24.

38. 苏幼坡，刘瑞兴. 地震灾害情报的速发性 [J]. 情报杂志，2001（2）：80~81.

39. 苏幼坡，刘瑞兴，袁茂伦. 城市生命线震害的相互影响与震后恢复的时序性 [J]. 工程抗震，2001（2）：27~30.

40. 苏幼坡，刘瑞兴，马亚杰. 城市生命线地震后恢复曲线与恢复过程优化的影响因素分析 [J]. 灾害学，2000，15（4）：49~54.

41. 苏幼坡，刘瑞兴. 城市地震灾害紧急救援的时序特性分析 [J]. 灾害学，2000（2）：34~38.

42. 王子平，苏幼坡. 唐山地震人员伤亡情况的分析及若干启示 [J]. 灾害学，1998，15（2）：75~79.

二 其他的研究成果

（一）著作

1. 万艳华. 城市防灾学 [M]. 北京：中国建筑工业出版社，2003.

2. 焦双健，魏巍. 城市防灾学 [M]. 北京：化学工业出版社，2006.

3. 翟宝辉. 城市综合防灾 [M]. 北京：中国发展出版社，2007.

4. 尚春明，翟宝辉. 城市综合防灾理论与实践 [M]. 北京：中国建筑工业出版社，2006.

5. 章有德. 城市灾害学 [M]. 上海：上海大学出版社，2004.

6. 金磊. 城市灾害学原理 [M]. 北京：气象出版社，2012.

7. 段华明. 城市灾害社会学 [M]. 兰州：甘肃人民出版社，2010.

8. 王子平. 灾害社会学 [M]. 长沙：湖南人民出版社，1998.

9. 伍国春. 灾害救助的社会学研究 [M]. 北京：北京大学出版社，2014.

10. 谢苗荣. 灾害与医学紧急救援 [M]. 北京：北京科学技术出版社，2010.

11. 王子平，孙东富. 地震文化与社会发展：新唐山崛起给人们的启示 [M]. 北京：地震出版社，1996.

12. 徐炎华. 环境保护概论 [M]. 北京：水利水电出版社，2009.

13. 河北省地震局. 唐山抗震救援决策纪实 [M]. 北京：地震出版社，2000.

14. 孙志忠. 1976 年唐山大地震 [M]. 石家庄：河北人民出版社，1999.

15. 邹其嘉，王子平，陈北非等 . 唐山地震灾害社会恢复与社会问题研究 ［M］. 北京：地震出版社，1997.

16. 王海霞，葛楠，杨梅等 . 唐山大地震人员伤亡 ［M］. 北京：中国科学技术出版社，2012.

17. 国家地震局震害防御司 . 中国历史强震目录（公元前 23 世纪——公元 1911 年）［M］. 北京：地震出版社，1995.

18. 河北省地震局 . 一九六六年邢台地震 ［M］. 北京：地震出版社，1986.

19. 国家科委全国重大自然灾害综合研究组 . 中国重大自然灾害及减灾对策（总论）［M］. 北京：科学出版社，1993.

20. 柏原士郎，上野淳，森田孝夫 . 阪神・淡路大震大震災における避難所の研究 ［M］. 大阪：大阪大学出版社，1998.

21. 野田正彰 . 災害救援 ［M］. 東京：岩波新书，1995.

22. 荻原良已，多々納裕一，岡田憲夫，亀田弘行 . 総合防災学への道 ［M］. 京都：京都大学学术出版社，2006.

23. 梶秀樹，塚越功 . 都市防災学：地震対策の理論と実践（改訂版）［M］. 東京：学芸出版社，2012.

24. 立命舘大学テキスト文化遗产防災学刊行委員会 . テキスト文化遗产防災学 ［M］. 学芸出版社，2013.

25. 竹林征三 . 環境防災学 ［M］. 東京：技報堂出版（株），2011.

26. 大塚久哲 . 地震防災学 ［M］. 九州：九州大学出版社，2011.

27. 鹿島都市防災研究会 . 地震防災安全都市 ［M］. 東京：鹿島出版（株），1996.

28. 熊本大学防災まちづくり研究会 . これから防災を学ぶ人のための地域防災学入門 ［M］. 東京：文成堂，2010.

（二）论文集

1. 《周锡元院士论文选集》编委会 . 周锡元院士论文选集：地震工程和防灾减灾救灾研究与实践 ［C］. 北京：科学出版社，2013

（三）学术论文

1. 周锡元，高小旺，李荷等 . 城市综合防灾示范研究 ［J］. 建筑科学，1999，15（1）：1~7.

2. 张维嶽，高小旺，周锡元等 . 唐山市综合防灾的研究 ［J］. 建筑科学，1996（2）：8~12.

3. 谢映霞 . 城市规划与城市防灾减灾救灾 ［J］. 城市规划通讯，2005，（5）：14~15.

4. 张维嶽，高小旺，周锡元等 . 唐山市灾害源分布、综合成灾模型及对策管理程序框图 ［N］. 自然灾害学报，1995，（S1）：167~171.

5. 王绍玉 . 城市灾害应急管理能力建设 ［J］. 城市与减灾，2003（5）：4~6.

6. 徐明君，鲍苏新 . 城市防灾基础设施功能安全评价指标研究 ［N］. 工程管理学报，2011，25（1）：27~30.

7. 陈国华，梁韬，张华文 . 城域承灾能力评估研究及其应用 ［N］. 安全与环境学报，2008，8（4）：156~162.

8. 郭增建，秦保燕 . 巨灾学与城市防灾 ［J］. 灾害学，1991（4）：24~25.

9. 王志涛，苏经宇，王飞 . 基于风险控制的山地城市防灾规划研究 ［G］. 第二届山地城镇可持续发展专家论坛，重庆，2013.

10. 阮浩铭 . 城市防灾学建立的意义及其发展方向 ［J］. 湖南农机，2007，34（3）：88~89.

11. 苏经宇，王志涛，马东辉．推进我国城市建设综合防灾的若干建议［J］.工程抗震与加固改造，2007，29（3），114~117，101.

12. 王威，苏经宇，马东辉．城市综合承灾能力评价的粒子群优化投影寻踪模型［N］.北京工业大学学报，2012，38（8）：1174~1179.

13. 李宁，苏经宇，郭小东等．文化遗产防灾减灾救灾对策研究［J］.中国文物科学研究，2009（4）：47~149，43.

14. 徐松鹤，韩传峰，孟令鹏．城市防灾系统脆弱性评估及关键影响因素识别研究［J］.软科学，2015（9）：131~135.

15. 郭汝，唐红．我国城市安全研究进展及趋势探讨［J］.城市发展研究，2013（11）：100~106.

16. 罗奇峰，金赟赟．城市灾害管理的核心环节及防灾救援的实施路径［J］.上海城市管理，2014（3）：72~76.

17. 王江波，戴慎志，苟爱萍．城市综合防灾规划编制体系探讨［J］.规划师，2013，29（1）：45~49.

18. 靳倩倩，张世奇．城市防灾资源体系的研究［N］.河北理工大学学报（社会科学版），2011，11（5）：222~224.

19. 周彪，周军学，周晓猛等．城市防灾减灾救灾综合能力的定量分析［N］.防灾科技学院学报，2010，（3）：104~112.

20. 龙家俊，杜焕俊．唐山地震的救援工作．参见：地震灾害对策——地震对策国际学术讨论会论文选集［C］.北京：学术书刊出版社，1989，442~446.

21. 郭建平．从汶川地震看我国自然灾害救援体系的健全［N］.河海大学学报（哲学社会科学版），2009（1）：29~31.

22. 陈升，孟庆国，胡鞍钢．汶川地震受灾群众主要需求及其相关特征实证研究［J］.学术界，2009（5）：17~29.

23. 王宏伟．汶川地震紧急救援的成功经验及对完善我国应急管理的启示［N］.防灾科技学院学报，2009，11（2）：72~76.

24. 李立国．我国应对重大自然灾害取得显著进步［J］。求是，2013（10）：10~12.

25. 张玮晶．特大地震灾害紧急救援中理性战略的建立与实施［J］.灾害学，2014，19（4）：155~158.

26. 韩炜，陈维锋，顾建华等.地震救援行动的影响因素分析［J］.灾害学，2012，27（4）：132~137.

27. 凌永辉．特大地震灾害医疗紧急救援的思考［J］.中国急救复苏与灾害医学，2009（1）：4~6.

28. 赵晶．地震中人员伤害的影响因素及有关紧急救援问题［J］.中国紧急救援，2014（1）：18~20.

29. 杨慧宁，郑静晨，张开等．山地震救援实践与应急模式的探讨［J］.中华灾害救援医学，2013，1（1）：27~29.

30. 单修政，徐世芳．地震灾害紧急救援问题综述［J］.灾害学，2002，17（3）：71~75.

31. 周锡元．从工程抗震到地质灾害综合防御——唐山地震30年以来的思考［G］.第一届全国城市与工程安全减灾学术研讨会，唐山，2006.

32. 高庆华，刘慧敏，马宗晋．自然灾害综合研究的回顾与展望［N］.防灾减灾工程学报，

2003, 23 (1): 97~101.

33. 马宗晋, 高庆华. 中国自然灾害综合研究 60 年的进展 [J]. 中国人口. 资源与环境, 2010, 20 (5): 1~5.

34. 翟宝辉. 谈城市综合防灾 [J]. 城市发展研究, 1999, 6 (3): 4~7.

35. 金磊. 城市灾害学研究及科学建议 [N]. 自然灾害学报, 2000, 9 (2): 32~38.

36. 住房和城乡建设部政策研究中心课题组. 提高城市综合防灾减灾能力的若干思考 [N]. 中国建设报, 2010-09-28.

37. 谢礼立. 2008 年汶川特大地震的教训 [N]. 中国工程学报, 2008 (6): 28~35.

38. 徐松鹤, 韩传峰, 孟令鹏. 城市防灾系统脆弱性评估及其关键影响因素识别研究 [J]. 软科学, 2015, 29 (9): 131~134.

39. 商彦芯. 灾害脆弱性概念模型综述 [J]. 灾害学, 2013, 28 (1): 112~116.

40. 李鹤, 张平宇, 程叶青. 脆弱性的概念及其评价方法 [J]. 地理科学进展, 2008, 27 (2): 18~25.

41. 黄崇福. 自然灾害基本定义的探讨 [N]. 自然灾害学报, 2009, 18 (5): 41~50.

42. 李永祥. 什么是灾害?——灾害的人类学研究核心概念辨析 [N]. 西南民族大学学报 (人文社会科学版), 2011 (11) 12~20.

43. 高金虎. 论情报的定义 [J]. 情报杂志, 2014 (3): 1~5.

44. 甄桂英. 情报概念的内涵、外延与相关学科的分析评述 [J]. 情报理论与实践, 2011, 34 (3): 6-9.

45. Blaikie P, Cannon T, Davis I, et al. At Risk: Natural hazards, people's vulnerability and disasters (2nd) [J]. Routledge New York, 2003.

46. 神林博史. 東日本大震災と都市若年層の脆弱性: 仙台市における若年層調査データの分析 [G]. 東北学院大学教養学部論集, 2014 (169): 49~76.

47. 浦野正樹. 東日本大震災における災害過程と脆弱性に関する一考察——危険認知の観点から—— [G]. 早稲田大学文学研究科紀要, 2014 (59): 71~86.

48. 日本国土強靱化推進本部. 大規模自然災害等に対する脆弱性の評価の結果. 2014.

49. 日本国土交通省. 総合的な都市防災対策の推進について. 2015.

50. 山下浩一. 都市防災からみた市街地整備の課題と方向. 2010.

51. 上田耕蔵. 震災関連死におけるインフルエンザ関連死の重大さ [J]. 都市問題, 2009, 100 (12): 63~77.

52. 中林一樹. 安全で快適な都市空間を求めて [J]. 総合都市研究, 1993 (50): 107~115.

53. 亀田弘行. 工学抗震から総合防災へ [N]. 京都大学防災研究所年報, 2002 (45): 43~55.

54. 日本国土強靱化推進本部. 大規模自然災害等に対する脆弱性の評価の指針. 2013.

55. 東京都防災会議. 大規模自然災害に対する脆弱性の評価の結果. 2015.

56. 佐藤中信. 防災文化について [J]. 自然災害科学, 2006, 25 (2): 131~133.

57. 五十嵐之雄. 災害多発地域における災害文化の研究 [R]. 日本文部省科学研究補助金項目, 重点研究成果, 1990, 62~63.

58. 長尾朋子. 洪水長襲地域における災害文化の現実意義 [R]. 国立歴史民俗博物館研究報告, 2010 (156): 277~286.

59. 石原凌河. 災害常襲地域における生活防災の構造と実践手法関する研究 [G]. 大阪大学

大学院博士研究生论文，2014.

（四）学位论文

1. 徐波．城市防灾减灾救灾规划研究［D］．同济大学博士论文，2007.
2. 左进．山地城市设计防灾控制理论与策略研究——以西南地区为例［D］．重庆大学博士论文，2011.
3. 董国余．唐山地震文化及其综合效益评价研究［D］．西南交通大学硕士论文，2014.
4. 刘萍．当前我国城市减灾研究［D］．东北大学硕士论文，2011.
5. 曹国强．城市避难疏散和救助医疗机构规划问题［D］．河北理工大学硕士论文，2005.
6. 何建辉．防灾公园的规划路向——兼论唐山市中心城区的防灾公园规划［D］．河北理工大学硕士论文，2011.